AI, 세상을 만나다

AI, 세상을 만나다

| KAIST 인공지능연구원 |

지식공감

Prologue

류석영
KAIST 전산학부 교수

"왜 소프트웨어가 세상을 집어삼키고 있는가(Why Software is Eating the World)?[1]"라는 글이 《월스트리트 저널》에 나온 지도 어느새 10년이 더 지났습니다. 이제는 정말 소프트웨어가 이끌어가는 세상이 되었습니다. 세계에서 기업가치가 높은 회사 10위 안에 반 이상이 소프트웨어 회사입니다. 그중에서도 인간 고유의 영역에 도전하는 AI의 기세가 매섭습니다. 알파고가 이세돌 9단에게 승리한 지 5년이 더 지났고, 이제는 AI가 곡을 만들고, 그림을 그리며, 기사를 쓰고, 코드를 작성하는 시대가 되었습니다.

이러한 AI를 개발하고 활용하는 우리 인간은 이 기술에 대해서 얼마나 잘 알고 있을까요? AI가 인간의 삶을 편리하게 만드는 만큼 이 기술로 인해 발생하는 위험에 대해 얼마나 이해하고 대비하고 있는 것일까요? 사람과 AI가 함께 사는 미래의 세상에서 인간의 가치를 어떻게 지킬 수 있을까요? 그 미래는 유토피아에 가까울까요, 디스토피아에 가까울까요? 사람을 죽이는 것은 사람도 아니고, 총도 아니며, '총을 든 사람'이라는 말이 있습니다. 더 나은 미래를 위한 AI를 개발하기 위해, 우리는 기술과 함께 사람과 세상을 알아야 합니다.

KAIST 인공지능연구원에서 1년 동안 〈Melting Pot〉 세미나를 진행했습니다. 학제를 뛰어넘어 과학, 공학, 사회, 정책의 간극을 이해하고 좁혀보자는 취지로, AI 시대의 다양한 사회적 가치와 미래 갈등 요소에 대해 교수님들의 생각을 거침없이 나누고 자유롭게 논의하는 자리를 가졌습니다. 각 세미나는 'AI와 어떤 것'의 형식으로, AI 기술융합과 사회정책의 두 가지 주제에 대해 발제와 토론을 진행했습니다. 아울러 AI를 연구하시는 교수님들과 함께 디지털인문사회과학부, 문술미래전략대학원, 과학기술정책대학원, 기술경영학부 등 다양한 학과의 교수님들께서 함께하셨습니다. 바쁘신 중에 발제와 토론으로 참여해주신 분들께 진심으로 감사드립니다. 세미나의 기획부터 진행까지 리더십을 발휘해주신 박경렬 교수님께 특별히 감사드립니다.

AI를 중심으로 각양각색의 주제에 대해 다양한 방식으로 의견을 나누고 토의한 세미나 내용을 글로 정리했습니다. 'AI와 공정성'이라는 주제를 공학자와 사회학자 각각의 시각으로 나눈 세미나가 특별히 기억에 남습니다. '공정성'이라는 한 단어를 공학자와 사회학자가 얼마나 다르게 이해하고 있는지 새삼 깨달으면서, 과학과 공학을 연구하는 분들이 학계의 여러 연구 분야뿐 아니라 산업계에 계신 분들과 함께 논의하고 고민하는 시간이 꼭 필요하다는 것을 알게 되었습니다. 서로 다른 단어를 사용하고, 같은 단어도 다르게 해석하는 사람들이 공동의 목적을 위해 함께하는 것은 쉽지 않습니다. 힘들고 시간이 오래 걸려 지치기에 십상입니다. 하지만, AI와 함께하는 더 나은 미래를 위해, 이 책에서 나눈 이야기들이 다양한 배경에서 AI를 연구하고 활용하는 분들이 대화를 함께하는 데 작은 시작이 되기를 기대합니다.

이 책의 내용은 정답이 아닙니다. 이미 시작되었고 현재 진행 중인 AI 시대에 대해, 이 책에서 다루고 있는 다양한 주제를 중심으로 여러분 고유의 생각을 나누시길 바랍니다. 세계를 선도하는 과학기술뿐 아니라, 사람과 세상을 생각하는 KAIST의 비전에 여러분께서 동참해주시기를 희망합니다.

추천사

이광형
KAIST 총장

  코로나19를 경험하며 가속화된 디지털 전환의 거대한 흐름 속에서, 고도화한 AI와 이를 응용한 다양한 기술들이 산업뿐만 아니라 우리의 일상에도 빠르게 유입되고 있습니다. 본격적인 AI 시대의 도래는 인간소외라는 우려와 함께 사회, 문화, 경제 등 다양한 영역에서 변화를 만들어내며 거스를 수 없는 흐름이 되었습니다.

  역사를 돌아보면 수많은 기술이 인류 생활에 많은 영향을 끼치며 사회 혁신을 이끌어 왔습니다. 또 인류의 역사는 인본주의 사상을 지키기 위한 휴머니즘의 발전과정이라고도 할 수 있습니다. 도구가 발전하면서 그에 맞는 삶의 질서를 새롭게 정립하여 인간성을 보호해왔습니다. 21세기 AI 시대를 사는 우리 인류가 해야 할 일 역시 명확합니다. 거대한 물결처럼 밀려오는 AI를 지혜롭게 받아들이고, 인간과 함께 공존하면서 평화롭게 살아갈 길을 연구해야 하는 것입니다. AI는 첨단 기술과 미래 산업 논의에서 빠질 수 없는 핵심기술로, AI를 통해 인간의 삶을 더 윤택하게 할 수 있도록 인류가 지혜를 모아 나가야 할 때입니다.

《AI, 세상을 만나다》는 지난 1년 동안, KAIST 인공지능연구원 주최로 진행되었던 〈Melting Pot〉 세미나의 생생한 발제와 토론 이야기를 담은 소중한 자료입니다. AI 기술융합과 사회정책이라는 두 개의 큰 주제를 바탕으로, 학제를 뛰어넘는 'AI와의 공존'에 대한 선제적 고민과 대응을 위한 KAIST 교수님들의 다양한 대화를 만나실 수 있습니다. 특히 AI가 중심이 될 미래 사회에서 어떠한 변화를 마주하게 될지, 또 어떠한 물음들이 발생할지를 고민하고 설명하는 재미있고 중요한 대화를 함께할 수 있을 것입니다.

AI 시대는 여전히 불확실하며, 예측하기 어렵습니다. 그러므로 더 많은 사람의 관심과 질문이 이어져야 하며, 다양한 의견 개진과 토론을 통해 중요한 가치에 대한 사회적 합의를 이루기 위한 노력이 필요합니다. 이 책이 지금까지 경험하지 못한 과학과 인간이 공존하는 세상을 준비하는 작은 가이드 역할을 할 수 있기를 기대합니다.

추천사

이상욱
한양대 철학과 & 인공지능학과 교수

영국 런던 지하철은 1863년 1월 10일 첫 운행을 시작한 세계 최초의 지하 운송 기술시스템이다. 런던 시민에게 '튜브(tube)'라는 예칭으로 불리면서 묵묵히 런던 시민의 발 노릇을 해왔지만 워낙 오래전에 만들어진 시스템이어서 서울 지하철과 비교하면 아쉬운 점이 많다. 특히 전동차가 들어오는 플랫폼에는 'Mind the Gap'이라는 안내 방송이 끊임없이 나오는데 전동차와 플랫폼 사이의 간격이 넓어서 자칫하면 사고가 나기 쉽기 때문이다. 이 문구는 아예 플랫폼 바닥에 새겨 있어서 끊임없이 승객들의 주의를 당부하고 있다. 그런데 가끔 재치 있는 누군가가 바닥에 새겨진 이 문구의 i를 e로 바꾸어 'Mend the Gap'이라고 고쳐놓은 걸 볼 수 있다. 승객에게 조심하라고 책임을 떠넘기지 말고 플랫폼을 고쳐서 사고가 발생하지 않도록 미리 대비하라는 따끔한 질책인 셈이다.

내가 보기에 이 책《AI, 세상을 만나다》는 정확히 이런 적극적 태도, 즉 기술시스템에 문제가 있으면 고치자는 태도를 잘 보여주는 책이다. 인공지능은 아직 미완의 기술이고 그 기술적 잠재력이 큰 만큼 미래에 정확히 어떤 방식으로 연구개발이 이루어지고 사회적으로 활용될지는 그 범위와 내용에 있어 열린 기술이다. 이런 점을 고려해 국제사회가 인공지능 기술에 대해 취하는 태도는 일관되게 '균형'을 강조하는 것이다. 인공지능의 잠재력을 인류가 온전하게 향유할 수 있도록 기술 혁신을 진작함과 동시에 그 혁신의 과정에서 기본 인권과 같은 사회적 가치를 훼손하지 않도록 사전주의적(precautionary) 노력을 기울여야 한다는 것이다. OECD, EU, UNESCO, IEEE처럼 국제적으로 영향력 있는 국가 연합체, 유엔기구, 전기전자공학자 단체처럼 일관되게 제시하고 있는 인공지능의 윤리적 개발과 활용의 원칙은 모두 이러한 균형을 실현하려는 구체적 실천을 강조한다.

여러분이 손에 쥐고 있는 이 책은 이런 국제적 흐름에 공감하며 다소 추상적으로 들릴 수 있는 윤리 원칙을 넘어 구체적 실천으로 나가려는 다양한 전문 분야의 노력을 소개하고 있다. 이 주제가 낯설지 않은 내가 보기에도 인공지능이 이런 곳에 사용되고 이런 문제를 해결하려고 노력하고 있구나라는 감탄이 나올 정도로 흥미로운 내용으로 가득 차 있는 책이다.

AI, 세상을 만나다

특히 이 책은 우리나라의 뛰어난 공학자, 사회과학자들이 인공지능의 바람직한 미래에 대해 어떤 고민과 연구를 수행하고 있는지를 생생하게 보여주고 있다는 장점이 있다. 그래서 자신이 살아갈 과학기술 기반 미래 사회의 바람직한 모습에 관심 있는 모든 독자에게 강력히 추천할만한 책이다. 후속 작업에서 보다 본질적인 문제에 대한 인문학적 성찰도 함께 이루어지기를 바라며 책의 출간을 진심으로 축하한다.

Contents

PART. 2
—
AI와 사회정책

AI.
세상을 만나다

PART. 1

AI와 기술융합

AI로 엿보는
식물 향기 물질의 마법

● 곤충도 싫어하는 야생 담배의 역설

잔디를 깎으면 다양한 냄새가 납니다. 흙내음 외에도 식물에서 뿜어내는 여러 향기 물질이 코끝을 자극합니다. 식물은 왜 구태여 애써 이런 물질을 만들어낼까요?

여기 애벌레가 한 마리 있습니다. 애벌레가 식물을 먹기 시작하면 식물은 냄새를 피웁니다. 그 냄새를 누가 맡을까요? 바로 애벌레의 천적인 노린재입니다. 식물의 냄새에 유혹된 노린재는 식물을 먹고 있는 초식 곤충을 제거합니다. 식물이 자기를 잡아먹고 있는 곤충을 제거하기 위해 또 다른 곤충을 부르는 겁니다. 이를 'Cry for Help'라

고도 합니다. 식물이 '이이제이(以夷制夷)'의 책략을 배운 걸까요?

한편 독특한 생활사를 가지고 있는 바구미(Trichobaris mucorea)도 있습니다. 엄마 바구미는 자식이 태어나고 먹을 식물을 선택하는데, 그게 바로 '니코티아나 아테뉴아타(Nicotiana attenuata)'라는 야생 담배입니다. 이 야생 담배의 줄기에 알을 놓으면 그 안에서 애벌레가 깨어나 자라면서 식물의 줄기 안쪽 부분을 먹습니다. 안쪽 부분을 깔끔하게 파먹고 그 안에서 성충까지 성장합니다.

그런데 이 성충의 입은 애벌레의 입보다 훨씬 작아서 딱딱한 식물 줄기를 뚫고 나오지 못합니다. 그래서 성충이 되기 직전에 탈출 구멍을 미리 만들고, 그 안에 예쁜 집을 지어 놓습니다. 그런 다음 성충이 되어 그 구멍으로 탈출합니다.

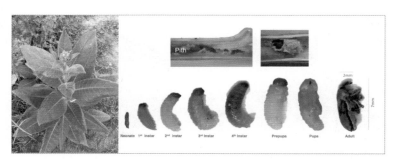

줄기를 먹는 초식곤충으로부터 자신을 방어하기 위한 식물의 방어 기작
- 야생 담배와 트리코바리스의 사례

사실 엄마 바구미는 야생 담배를 싫어합니다. 그런데도 불구하고 자기가 좋아하는 식물인 흰독말풀(Datura wrightii)이 아닌, 싫어하는 야생 담배에다가 알을 낳습니다. 왜 그럴까 연구해 봤더니 야생 담배

에서 깨어난 애벌레가 흰독말풀에서 부화한 것보다 생존율이 두 배 정도 높았습니다. 이처럼 엄마는 늘 자식에게 가장 좋은 것을 주려고 합니다.

헌데 엄마 바구미는 어떻게 자연에서 야생 담배를 찾을 수 있었을까요? 이런 질문의 답을 찾고자 저희는 정상 식물과 특정 유전자가 많이 발현된 돌연변이 식물(GMO)을 야외에 심어 놓고 실험했습니다. 그랬더니 곤충이 돌연변이 식물에다가 알을 더 많이 놓는 걸 알게 됐습니다. 이 돌연변이 식물은 '테르펜(Terpene)', 즉 식물의 향기 중에 일부를 굉장히 많이 만들어내는 개체였습니다.

이 결과는 식물이 자신에게 이로운 목적으로 어떤 향을 만들어 밖으로 뿜어내는 중에 엄마 바구미가 그 신호를 낚아채 자기 아이에게 가장 좋은 식물이 어디 있는가를 파악하는 과정을 보여줍니다. 어떻게 보면 중간에 암호가 해독된 겁니다.

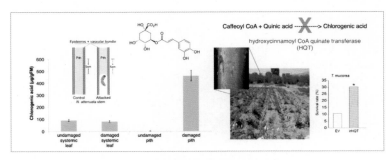

야생 담배 & Trichobaris : Chlorogenic Acid

그러면 반대로 식물은 애벌레로부터 자기 자신을 어떻게 방어하고 있을까요? 야생 담배가 만들어내는 가장 독특한 물질에는 니코틴이라는 게 있습니다. 니코틴은 근육을 가진 모든 동물에 작동하는 독성 물질입니다. 신경에 작동해서 곤충은 이걸 먹으면 움직임이 둔해집니다.

그런데 이 애벌레는 니코틴을 기가 막히게 해독합니다. 그래서 애벌레가 줄기를 먹기 시작하면 야생 담배는 니코틴 합성을 멈춥니다. 대신에 '클로로겐산(chlorogenic acid)'이라고 하는 물질을 엄청나게 합성하기 시작합니다.

이 물질의 기능을 검증하기 위해 분자생물학적으로 해당 물질을 만들 때 사용하는 효소 유전자를 생성하지 못하게 만듭니다. 그리고 자연에 갖다 심은 후 엄마 바구미가 하듯이 식물 속에 알을 예쁘게 넣어 둔 다음 생존율을 분석하니 정상적인 식물보다 3배 정도 높았습니다. 이로써 해당 물질이 독성 물질이며, 식물이 자기 자신을 잘 방어하는 메커니즘을 갖고 있음을 확인했습니다.

● 또 다른 방패

야생 담배의 무기는 이것만이 아닙니다. 야생 담배가 이 바구미의 공격을 당하면 줄기를 채취하기가 굉장히 힘들어집니다. 리그닌으로 인해 되게 딱딱해지기 때문입니다.

리그닌은 세포의 목질을 단단하게 만드는 보강재 역할을 하는 물질인데, 바구미의 공격을 당하기 전에는 야생 담배의 줄기 안쪽에 심

AI, 세상을 만나다

(pith)이라고 불리는 조직에 리그닌이 거의 없었습니다. 그런데 공격을 당하면 해당 부위에 리그닌이 쌓이게 됩니다. 특정 상황에서 어느 부위를 딱딱하게 만들어 보호해야겠다는 판단이 들면 그 부분에 리그닌을 축적해서 방어하게 되는 것입니다.

한편 이와는 반대로 식물이 스스로 생존에 필요해서 불러들이는 화분매개곤충 얘기를 잠깐 하도록 하겠습니다.

식물의 일주기 촬영

위의 그림은 저희가 연구하고 있는 식물의 꽃입니다. 앞서 얘기했던 야생 담배의 꽃을 15분 간격으로 24시간 동안 찍은 사진을 연결해 동영상을 만들었습니다. 그림과 같이 꽃이 해가 뜨면 내려와 있다가 저녁에 해가 질 무렵이면 다시 쭉 올라갑니다. 그리곤 꽃이 열립니다. 꽃이 열리면 눈에는 보이지 않지만 대략 10여 종의 서로 다른 꽃향기를 뿜어냅니다. 왜 밖으로 꽃향기를 낼까요? 밤에 날아다니는 화분매개곤충을 유인하기 위해서입니다.

이 실험 중에 저희가 품었던 질문은 '그러면 이 향기는 어떻게 꽃잎 세포 안에서 어떻게 합성이 되는가?' 하는 것이었습니다. 지난 2년 정도 연구해서 저희가 알아낸 결과는 꽃잎의 위쪽 표면에 있는 첫 번째 세포층에서 꽃향기가 만들어진다는 사실입니다.

식물을 공부하다 보면, 식물을 통해 배우는 것도 많습니다. 특히 식물의 'Cry for Help'를 배워서 저희도 외부의 조력자를 불러들였습니다. KAIST라서 쉽게 가능했던 일입니다.

대개 꽃향기를 측정할 때 기체 크로마토그래피 질량분석법(GC-MS) 같은 방식을 이용합니다. 이를 위해서는 꽃향기를 모아야 합니다. 그리고 그것을 기계에 찔러주면 기기가 분석하게 됩니다.

그런데 이런 과정을 생략하고 '방출되는 향기 자체를 그냥 볼 수 있으면 얼마나 좋을까' 하는 생각을 한 적이 있습니다. 그러다가 KAIST에 처음 와서 신임 교수 세미나 워크숍에서 자기소개를 하는데, 제 앞에 계시던 분이 기체를 보는 연구를 하고 있다는 겁니다. 그래서 끝나고 나서 혹시 "꽃향기를 볼 수 있을까요?" 하는 질문을 그냥 던졌더니 "뭐, 될 것 같은데요?"라고 응답하셨습니다. 그분이 바로 김형수 교수님이었습니다.

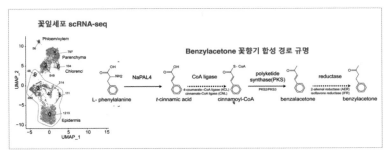

향기는 어떻게 합성되는가?

AI, 세상을 만나다

● 꽃향기를 보는 남자들

그 후 밤에 제가 백합을 들고 실험실에 찾아가면 김형수 교수님이 그걸로 실험했습니다. 아래 보여드릴 이 데이터를 얻었기 때문에 굉장히 기뻐서 찍었는데, 특히 그림에 보이는 노란색에 주목하셔야 합니다.

펌핑되는 꽃가루

위의 그림 하단에서 떨어지는 노란 물질, 이걸 저희는 꽃향기라고 믿고 있습니다. 백합이 꽃향기를 만들어서 떨어뜨리는 겁니다. 줄줄줄 흘리는 게 아니라 펌핑하듯이 툭툭 내놓는 것으로 보입니다.

그런데 아쉽게도 이 그림을 얻고 나서 대략 한 1년 반 정도 더 실험을 했지만, 똑같은 그림을 얻지는 못했습니다. 이런 이미지를 재현했더라면 훨씬 더 좋았을 텐데, 그러지 못했고, 왜 못했는지도 알게 됐습니다. 그 당시 이 실험을 진행했던 김형수 교수님의 실험실은 기후, 온도, 습도 등 꽃가루 방출 사진을 얻기 위한 모든 조건이 완벽했던 것입니다.

이후에 이런 정도 결과를 얻으려면 굉장히 복잡한 장비를 더 갖추어야 한다는 걸 알게 되었습니다. 연구는 일단 정리가 되었지만, 이 연구를 바탕으로 김형수 교수님과 저는 다른 연구를 시작했습니다.

이런 이상한(?) 연구에 연구비를 준 곳도 KAIST였습니다. 3년간 KAIST 교내과제 지원을 받아서 재미있는 연구를 수행할 수 있었습니다.

● 사라지는 실험실, 자연

식물과 곤충의 상호작용 연구는 실험실에서 진행하기가 까다롭습니다. 곤충을 키우기도 어렵고, 곤충의 행동을 관찰하기도 힘들기 때문입니다. 식물이 만들어 낸 언어에 어떤 곤충이 반응할지도 알 수 없습니다. 그래서 사실 앞에서 언급한 실험 중에 많은 경우는 야생 식물의 자생지에 가서 실험했습니다.

Great Basin Desert

AI, 세상을 만나다

위의 그림은 제가 한 다섯 번 정도 갔었던 미국 유타 지역의 '그레이트베이슨(Great Basin)' 사막입니다. 사람도 안 사는 이 허허벌판에서 2010년부터 코로나 직전 2019년까지 실험을 했습니다. 준비해 간 식물을 심은 다음 한 달 정도 기다렸다가, 식물이 막 자라고 다시 한 달 반 정도 지난 후 꽃이 피면 직접 가서 실험한 것입니다.

그런데 안타깝게도 여기는 버려진 땅이고 사람도 안 살았지만, 이제는 이 주변 환경이 굉장히 많이 바뀌었습니다. 예전에 날아오던 곤충이 지금은 잘 안 날아올 때도 있고, 심지어 몇 년간 기다려도 아예 안 날아오기도 합니다. 환경의 변화로 뭔가 많은 일들이 일어나고 바뀌는 게 실험에 직접적인 영향을 끼치는 걸 몸소 체험했습니다.

근데 그건 저희만이 아니라 사실 너무나 많은 사람들이 알고 있습니다. 가령 꿀벌을 예로 들어 볼까요? 꿀벌은 사람이 굉장히 잘 관리해주는 곤충입니다. 아마 꿀벌만큼 각별한 관리를 받는 곤충도 없을 것입니다. 그런데도 꿀벌은 죽고 있습니다. 그러다 보니 '꿀벌이 이 정도라면 다른 곤충들은 어떨까, 다른 곤충들은 얼마나 빨리 사라지고 있나, 특히 한반도, 우리 땅 안에서는 얼마나 많은 곤충들이 사라지고 있나?' 하는 생각들을 하게 됐습니다.

그러다가 작년에 이런 문제에 관심이 있는 두세 명의 학생들과 함께 KAIST 주변 대전 지역에 있는 꽃, 그리고 꽃을 방문하는 화분매개곤충의 상호작용 지도를 한번 그려보기로 했습니다.

다음 사진은 대전 KAIST 혹은 근교 갑천에서 볼 수 있는 꽃과 화분매개곤충입니다. 이걸 조금 더 확장해서, 저희가 어차피 화학적 언어를 연구하고 있으니 이 다양한 식물의 꽃이 만들어 내는 화학 언어, 화학물질들과 이 꽃을 방문하는 화분매개곤충의 네트워크를 그리게 되면 이 언어 화학물질들이 어떠한 곤충을 부르는지, 혹은 어떤 곤충들이 싫어서 내는 신호인지를 알아낼 수 있지 않을까 하는 생각으로 해당 연구들을 시작했습니다.

대전에서 발견된 꽃과 화분매개곤충의 상호작용

● 인간은 놓쳐도 AI는 본다

그런데 이 연구의 가장 큰 단점은 언제 꽃에 곤충이 올지 모른다는 겁니다. 곤충이 올 때를 대비해서 대기해야 하는데, 이게 정말 힘든 일입니다. 그래서 영상을 이용하면 좋지 않을까 생각해서 그런 얘기를 했더니 KAIST의 똑똑한 친구들과 같이 영상을 찍어 그 안에 뭐가 날아다니는지 확인하는 일들을 했습니다. 이걸 어은동산, 저희 KAIST 유치원 바로 옆에 유채밭에서 했습니다. 현재는 나비 몇

AI, 세상을 만나다

종, 그리고 꿀벌과 응애 등을 AI에 학습시켜서 잘 알아맞히기를 바라고 있습니다.

어은동산 영상 자료와 인공지능 데이터 처리 (AI×Ecology)

이 프로젝트도 KAIST 교내 과제인 Post-AI 과제를 받아 열심히 진행하고 있습니다. 굉장히 잘 지원을 해주셔서 저희 실험실에 그래픽 카드가 달려 있는 서버도 사고, 카메라도 열심히 사서 찍으며 실험하고 있는데, 사실 제일 좋은 카메라는 핸드폰입니다. 핸드폰은 언제든지 영상을 확보할 수 있다는 장점도 있습니다.

그리고 사실 이런 작업이 단순히 생태 현상을 관찰하는 것뿐만 아니라 농업 현장에서도 적용될 수 있다고 합니다. 내 밭에 어떤 곤충이 날아왔는지는 요즘 특히 미국처럼 대평야에서 농사를 짓는 나라의 경우 굉장히 중요한

꽃가루 수정을 위해 벌통을 준비 중인
미국의 아몬드 농장

문제입니다. 따라서 해충을 모니터링하는 데 매우 중요하게 사용되고 있습니다.

저희는 주로 곤충을 풀어놓고 얘네가 어떤 향에 유인되는지 관찰하는 실험을 주로 합니다. 지금까지는 실험자가 검은색 천으로 가린 암실에 앉아서 눈 빠지게 관찰하고 실험을 하는 식이었습니다.

그런데 이제는 AI 시스템들이 곤충 트래킹도 할 수 있다 싶습니다. 곤충이 얼마나 많이 움직였는지도 볼 수 있게 돼서 이런 실험들을 실외뿐만 아니라 실내에서도 해보려고 하고 있습니다. 또 현재는 평면을 다니는 곤충이라서 쉽게 트래킹을 했는데, 3차원 공간상을 날아다니는 경우 어떻게 추적하면 좋을지 열심히 연구하고 있습니다.

● 식물 대사물질의 대량 생산을 위한 융합 연구

식물 대사물질들은 의약품으로 쓰이는 경우가 많습니다. 말라리아 치료제인 아르테미시닌이나 아니면 요즘 한창 뜨는 대마 추출 물질들이 모두 식물 대사물질입니다. 그런데 이것들은 현재 식물이 아니라 이스트 같은 데서 대량 생산을 하고 있습니다.

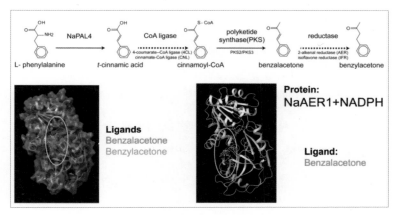

식물 대사물질 생합성 유전자 발굴(AI×Metabolites)

　2006년도부터 나온 논문들을 보면, 대사 경로를 밝히는 일은 결국 식물이 어떤 유전자를 통해서 이런 의약품을 만들어내는지를 찾아내는 작업입니다. 그리고 이것은 해당 물질의 대량 생산에 가장 중요한 일입니다. 그래서 저희는 물질 합성에 관여하는 유전자들을 통해 해당 유전자의 기능을 잘 연구할 수 있습니다. 혹시 유전자들의 기능을 단백질 구조 기반으로 예측하는 데 관심을 둔 분들이 있으면 저희와 함께 일해도 좋을 것 같습니다.

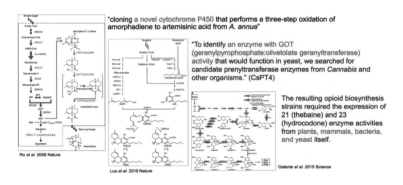

식물 유래 대사 물질 합성 : 유전자 발굴의 중요성

KAIST 화학과의 한순규 교수님께서 식물이 만들어내는 물질 중 특이한 것들에 대한 전합성을 연구하고 계시는데, 이분 실험실 학생과 저희 실험실 학생이 무척 절친이었습니다. 그리고 둘이 서로 얘기하다가 의기투합해서 하려는 연구가 생겼습니다. 유기합성 과정을 연구하는 데 있어서 식물이 특정 물질을 어떻게 만들어내는지를 알면 그걸 디자인하는 데 굉장히 도움이 많이 된다고 합니다.

그래서 저희는 한순규 교수님이 연구하고 계시는 이 물질들을 만들어내는 식물을 연구해서 해당 식물이 해당 물질을 어떻게 만드는지를 알아보려고 하고 있습니다. 그런 지식을 기반으로 한순규 교수님은 튜브에서 이 물질을 전합성하는 연구를 하겠다고 하셔서 화학과와 생명과학과의 협업을 진행 중입니다.

－김상규(KAIST 생명과학과 교수)

AI, 세상을 만나다

완전자율주행,
언제쯤 가능할까?

● AI의 Flagship, Mobility

최근에 AI가 가장 성공적으로 적용되고 있는 분야라면 모빌리티를 들 수 있습니다. 그런데 사실 '모빌리티'라는 용어 자체는 굉장히 광범위한 의미를 담고 있습니다. 사전적으로는 단순히 '유동성, 이동성'을 의미합니다만, 기술 분야에서의 모빌리티는 사람들의 이동성을 증대하거나 편리성을 향상하는 서비스를 아우르는 용어로 정의할 수 있습니다. 최근에는 'E-모빌리티'라는 용어가 기본적인 탈 것(vehicle)을 포함해 에너지, 교통, 배터리, 파워에 이르기까지의 다양한 요소들을 모두 포괄하는 확장적인 개념으로 사용되고 있습니다. 모빌리티를 이루는 요소들을 광의의 관점에서 봤을 때, 먼저 자동차, 배, 비행기 등을 일컫는 탈 것이 포함되고, 더 나아가 교통과 관련된 도로, 고속도로, 공항, 기차역 등의 인프라 구조뿐만 아니라 교통시스템이나 교통관제 시스템까지 포함된다고 볼 수 있습니다. 따라서 교통수단 및 이에 관련된 시스템과 교통 규제 법안 등 모든 것들이 어우러진 개념으로 모빌리티라는 용어를 사용할 수 있겠습니다.

특히 모빌리티의 여러 요소들 중에 운송 구조(transportation infrastructure), 교통 통제 운영 시스템(traffic control management system), 그리고 법률(law)이나 규칙(regulation) 등은 최근 많이 논의되고 있는 스마트 시티의 개념과 굉장히 관련이 많습니다. 그런데 이 요소들은 서로 긴밀하게 연관되어 있고 공공 분야에서 함께 다루어지는 것들이기 때문에 상당 부분 정부가 담당해야 할 공공의 영역에 속합니다. 이에 반해 탈 것과 운송 수단 같은 경우에는 상대적으로 민간의 영역이라 할 수 있고, AI가 더욱 활발히 적용되는 분야입니다.

실제로, 모빌리티 영역에서 AI가 가장 두각을 나타내고 있는 분야는 자율주행 부문입니다. 예를 들어, 자율주행 택시의 경우 AI를 통해 안전한 자율주행을 수행함은 물론, 트래픽을 잘 예측하여 최적의 주행 경로를 찾아내며, 호출 서비스를 이용할 경우 배차 관리 등에 AI가 활발하게 사용되고 있습니다. 이런 업무들을 모빌리티의 다른 구성 요소들과 연관지어 보면, 운송 수단은 당연히 안전한 자율주행을 해야 하고, 교통 통제 시스템이나 운영 시스템은 교통 상황을 예측해야 합니다. 환승 구조의 연결성(connectivity)은 사용자가 버스에서 내려 지하철이나 기차로 갈아탈 때 어떻게 하면 매끄럽게(seamless) 연결될 수 있는가에 관한 인프라 구조와도 관련이 있다고 할 수 있습니다.

● 자율주행, 우리의 일상을 바꾸다

자율주행이 구현하는 우리의 일상은 어떻게 바뀔까요?

어떤 사람이 자신의 일정에 맞추어 어떤 방식으로 이동할지에 대한 계획을 세우면, 거기에 맞춰서 연결성이 지원되는 모빌리티가 서비스로 제공되는 것을 생각해 볼 수 있습니다.

예를 들어, 정해진 시간에 정해진 위치로 자율주행 자동차가 오면 그 자동차를 타고 이동할 수 있고, 만약 여러 사람이 함께 이동할 경우에는 어디에서 어떻게 만날지도 지정할 수 있으며, 만나서 바로 기차를 타고 원하는 곳으로 이동할 수도 있습니다. 또 기차역에 내리면 다른 자율주행 자동차가 매끄러운 환승 서비스를 제공해 주는 세상을 상상해 봅니다.

이런 상상의 중심에는 바로 인공지능 운송 수단, 즉 AI 모빌리티가 있습니다. 특히 모빌리티에서 '비약적 진보(break through)'가 일어난 부분이 바로 운송 수단의 자율화 쪽입니다. 물론 나머지 부분들도 AI가 적용되고는 있지만, 대부분은 앞서 말씀드린 것처럼 인프라 구조에 관련된 분야가 많기 때문에 공공 영역에서 이루어지고 있는 작업들로 보시면 되겠습니다.

● 자율주행 자동차?

자율주행 자동차는 아마 모르시는 분들이 없을 정도로 많이 들어보셨을 것입니다. 'autonomous vehicle'이라고 부르기도 하고 'self-driving vehicle', 혹은 'driverless vehicle'이라고도 합니다. 간단하게 정의를 내리면 '사람의 개입이 없이도 원하는 곳까지 안전하게 주행할 수 있는 자동차'들을 말합니다.

여기에서 중요한 건 '센싱(sensing)'입니다. 자율주행에서 AI의 핵심은 결국 스스로 상황을 이해하는 것인데, 이를 위해 센싱을 담당하는 디바이스들로부터 정보를 얻고 상황을 파악하는 역량이 필수입니다.

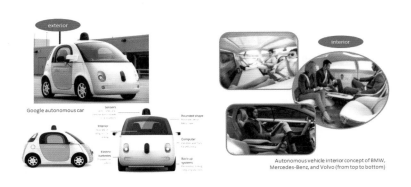

Autonomous vehicle interior concept of BMW, Mercedes-Benz, and Volvo (from top to bottom)

위의 그림은 자율주행 자동차의 외형과 내부 콘셉트입니다. 왼쪽은 과거 구글에서 개발했던 자율주행 자동차의 외형인데, 보시는 것처럼 자동차 지붕 위에 볼록 나온 것이 라이다(LiDAR) 센서나 카메라가 장착된 부분입니다. 자동차 안에 PC가 내장되어 있어서 센싱된 데이터를 AI로 처리하고 자율주행을 수행하는 외형이 되겠습니다.

그림 오른쪽의 내부 콘셉트는 BMW, 볼보, 벤츠 등 자율주행 자동차를 개발하고 있는 기업들에서 보여주고 있는 콘셉트입니다. 보시는 것처럼 대부분 운전이 아닌 다른 일을 하고 있습니다. 결국은 운전자가 '운전자'가 아니고 '사용자'로 변하는 관점을 반영하고 있습니다.

혹시 〈전격 Z 작전(미국 원제: Knight Rider)〉이라는 80년대 미국 드라마를 기억하시나요? 자율주행 자동차의 콘셉트가 굉장히 잘 반영된 드라마였는데, 예컨대, 호출을 받으면 자율주행 자동차가 원하는 곳까지 스스로 이동합니다. 드라마 속 인공지능 자동차 '키트'는 사실 외형은 자동차지만 지능은 사람을 능가합니다. 어린 시절, 이 드라마를 보면서 정말 키트가 세상에 존재하느냐 아니냐를 두고 논쟁하기도 했는데, 그만큼 사람들한테 인기를 얻고 많은 상상력을 발휘하게끔 해줬던 드라마 시리즈였습니다. 사실 키트와 똑같은 외형의 자동차를 만드는 회사는 있었지만, 드라마 속의 '키트'와 같은 수준의 지능을 가진 AI는 당시에 존재하지 않았습니다.

'전격 Z 작전'의 자율주행차와 주인공

이런 개념의 자율주행 자동차는 이후로도 영화 속에서 계속 등장합니다. 1993년도 영화 〈데몰리션 맨〉의 작품 속 배경은 2032년입니다. 지금으로부터 10년 후의 미래를 가정하고 93년도에 만든 영화인데요. 영화 속에는 이미 아이패드 비슷한 디바이스도 있고, 이를 통해 화상 통화도 합니다. 그리고 자율주행차가 도로 위에서 주행합니다.

아래 그림의 좌측은 1993년 영화 속 자율주행 자동차의 모습이고, 우측은 웨이모(구글의 독립 법인)라는 회사에서 개발하고 있는 자율주행 자동차의 모습입니다. 그런데 재미있게도 루프에 센서를 달고 있는 두 자동차의 외관이 비슷합니다. 93년도에 나왔던 상상이 현실이 되어 가는 것을 보여주는 듯합니다.

영화 〈데몰리션 맨〉 속의 자율주행차와 웨이모의 자율주행차

이 영화 속 상상이 펼쳐진 시간적 배경이 1993년인데, 이로부터 12년 후, 상상을 현실로 만들기 위해 '다파(DARPA, 미 국방성 고등연구계획국)'에서 그랜드 챌린지를 개최하기도 하였습니다. 2005년에 그랜드 챌린지의 두 번째 대회가 열렸는데, 2004년도에 이미 첫 번째 대회

AI, 세상을 만나다

가 있긴 했습니다. 그런데 그때는 모든 자동차들이 다 실패해서 다시 두 번째 대회가 개최됐고, 이 대회에서도 23개의 최종참가팀 중 5개 팀만 전체 코스를 완주했습니다. 212㎞에 달하는 긴 거리를 자율주행으로 달려 목적지까지 도달하는 게 이때의 과제였는데, 스탠퍼드(Stanford) 레이싱 팀의 '스탠리(Stanley)'라는 자동차가 우승했습니다. 'DARPA'가 주최한 이 그랜드 챌린지의 목적은 자동차의 자율주행 기술뿐 아니라 자율주행이 로봇이나 군사 영역에 사용될 수 있는지에 주안점이 있었습니다. 따라서 굉장히 다양한 형태의 자율주행 자동차들이 수작업으로 제작되었습니다. GPS를 사용할 수 있었고, 주행 환경이 단순한 황무지를 달리는 레이스였지만, 사람이 손수 작업한 알고리즘에 기반한, AI라기보다는 복잡한 룰 베이스 프로그래밍에 기반한 방법들이 대부분이었습니다. 따라서 공정성을 기하기 위해 출발 2시간 전에 주행 환경에 대한 정보를 공개하여 미리 구체적으로 과제에 맞추어 프로그래밍을 세심하게 하지 못하도록 했었습니다. 이때 스탠퍼드 팀을 이끈 분이 세바스찬 스런(Sebastian Thrun) 교수님인데, 몇 년 후에 구글로 가서서 구글의 자율주행 자동차 연구를 이끄신 분이기도 합니다. 2011년도에 스탠퍼드의 '종신재직권(Tenure)'을 포기하고 구글로 갔다는 뉴스가 나와서 더욱 유명해지기도 했습니다.

한편 이 대회 이후에는 다시 '다파 어반 챌린지(DARPA Urban Challenge)'라는 도심 자율주행 대회가 2007년도에 열립니다. 조금 더 복잡한 환경에서 더 어려운 과제로 개최되었지만, 높은 수준의 AI가 적용되었다기보다는 여전히 사람이 굉장히 잘 모델링한 프로그래밍에 기반한 자율주행이었습니다. 주행 환경 역시 복잡한 도심 환경은 아니었지만, 다양한 교통 규칙을 지켜야 했습니다. 예컨대, 신호등을 지켜야 하고, 주행 중인 다른 자동차와의 충돌을 회피할 수 있어야 했습니다. 또한 주차와 같은 특정 태스크 수행도 필수였습니다.

이러한 단계를 거쳐 지속적으로 발전해 온 자율주행 기능은 2010년대 후반 들어 AI의 발전과 함께 한 차원 더 진보하게 됩니다.

특히 자율주행차의 발전 과정에서 '센싱' 기술이 발달했습니다. 하지만 다른 차를 인지하는 '센싱'과 타 차량과의 '인터랙션'은 또 다른 차원의 문제입니다. 인터랙션은 다른 차의 다양한 행동 변화 등을 예측해야 하는데, 현재는 대부분 본인 차량이 양보하는 쪽으로 돼 있습니다. 왜냐하면 그래야 사고를 피할 수 있는 확률이 높아지기 때문입니다. 기술적으로 성숙도가 높아지면서 이처럼 운행하는 방침까지도 학습하는 쪽으로 진행되고 있습니다.

● 어디까지 되어야 자율주행일까?

보통 자율주행이란 말은 많이 하는데, 어디까지 자동화돼야 자율주행일까요?

자율주행은 통상 6단계로 나뉩니다. 먼저 자율주행 기능이 전혀 없는 게 '0'입니다. 그리고 풀 오토메이션이 '5'라고 하면 '2'와 '3' 사이를 'tipping point'라고 합니다. 자율성이 어느 정도 되는지를 분간하는 기준선이 바로 이 지점입니다.

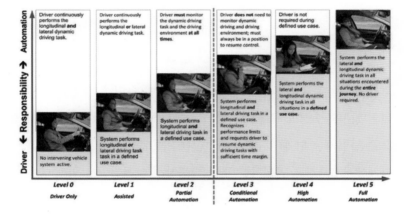

위의 그림에서 운전자의 행동을 보시면 자율주행의 수준을 이해하는 데에 도움이 될 것입니다. 그림 속에서 운전자의 집중도는 '0'에서 '5'로 갈수록 점점 떨어지고 있습니다. '2'에서 '3'으로 가면 화장을 고치고 있고, '4'로 가면 다른 일을 하다가, '5'가 되면 아예 자고 있습니다. 결국 자유도에 따라서 사람이 할 수 있는 일이 달라진다

는 걸 보여주는 그림입니다.

실제로 운전을 안 해도 되면 차 안에서 뭘 할 건지 묻는 설문조사가 있었습니다. 그랬더니 조사 결과는 여전히 '운전하는 데 집중하겠다'가 '22%' 정도 나왔습니다. 그다음에 '채팅, 카톡을 하겠다'가 각각 '14%', '17%' 정도 나왔습니다. 물론 이 조사 결과에 국가마다 차이는 좀 있겠지만, 대부분 그다지 생산적인 일을 하지는 않는다는 면에서는 비슷할 듯합니다. 사실 자율주행 자동차가 뭔가 생산성을 높인다기보다는 그저 사고 예방과 자율화에 목적이 더 있지 않나 싶은 생각이 들게 하는 결과입니다.

● 자율주행 개발, '마魔의 구간'을 넘어서기

지금까지 자율주행 자동차의 자율화 레벨에 대해 설명했습니다. 그런데 자율주행 연구에서 가장 고군분투하는 지점이 바로 2에서 3으로 넘어가는 단계입니다. 아직 많은 자율주행차 개발 회사들은 2단계에서 3단계로 넘어가는 과정을 굉장히 어려워하고 있고, 이 단계를 넘어가게 되면 '프리 오토메이션' 단계까지 가는 가능성이 매우 커진다고 할 수 있습니다.

가트너라는 회사에서 〈하이프 사이클(Hype Cycle)〉을 발표하고 있는데, 기술이 실제로 성숙하기 전까지 어떠한 과정을 거치는지를 설명하는 표입니다.

AI, 세상을 만나다

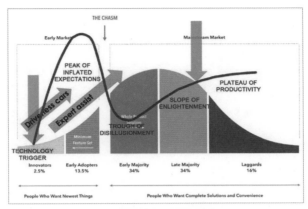
자율주행을 위한 하이프 사이클(Hype Cycle)

첫 단계는 기술이 사람들에게 처음 소개되고 프로토타입 형태의
기술이나 제품이 제공되며, 두 번째는 흔히 말하는 '거품(bubble)'이 생
겨나는 단계입니다. 사람들의 기대치가 높아져서 '이것만' 되면 '모
든 게' 될 것 같은 생각을 합니다.

하지만 실제로 이러한 기대치가 만족이 되지 않으면 침체기를 겪
게 됩니다. 그런 침체기를 겪어내고 두 번째 단계를 극복하면 실질
적인 완성도를 갖춘 기술이 시장에서 살아남게 됩니다.

가트너에서 2014년부터 2017년까지 발표한 자율주행 운송 수단
에 대한 〈하이프 사이클〉을 보시면 자율주행의 기대치가 최고치로
가는 시기가 2014~2015년입니다. 그런데 재밌는 건, 이때 자율주
행 자동차가 '5년에서 10년 후면 가능'할 거라고 예측했다는 점입
니다.

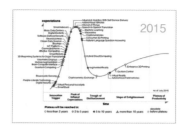

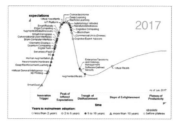

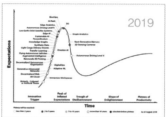
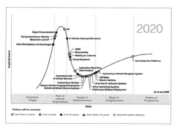
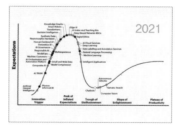
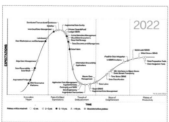

가트너가 매년 발표하는 하이프 사이클(2014~2022)

AI, 세상을 만나다

하지만 2016년으로 가면서 그 기대치는 좀 떨어지고, 그다음에는 자율주행 자동차의 기술 완성 시기 예측이 '10년 이후'로 늘어납니다.

실질적으로 해봤더니 어렵거나 안 되는 게 너무 많아서입니다. '5년에서 10년'이면 될 줄 알았다가 2017년 이후부터는 계속 '10년 이후'로 예측되고 있습니다. 그다음 2018, 2019, 2020년에 접어들면서 침체기에 빠져 전망은 여전히 늘 '10년 이후'로 돼 있습니다. 초창기에는 AI가 개발되면서 자율주행 자동차가 금방이라도 나올 것 같았지만, 실상은 그렇지 않았던 것입니다.

그러면 실제로 왜 기대치가 떨어지는 걸까요? 어느 설문 조사에서 자율주행 자동차를 안전하다고 느끼지 않는 사람들의 퍼센티지를 조사했습니다. 그랬더니 한국 사람들이 제일 안전하지 않다고 느끼고 중국 사람들이 제일 안전하다고 느낀다는 설문 조사 결과가 나왔습니다.

이 차이가 무엇과 관련이 있냐 하면 바로 '운전 환경의 안정성'입니다. 이미 도로주행 환경이 안정적인 나라들은 자율주행 자동차들이 덜 안전할 거라고 생각할 수 있고, 반대로 교통환경이 안 좋은 곳에서는 오히려 자율주행 자동차가 안전할 수 있다고 느끼는 것 같습니다.

● 완전 자율주행, 도대체 언제 나오나?

한편 자율주행의 완성 시점에 대해서는 예측이 계속되고 있는데,

2017년도에 다음과 같은 추정치들이 나왔습니다. 총 11개의 자동차 메이커들이 자율주행 자동차를 언제 출시 가능할지 조사했었는데, GM은 바로 1년 뒤인 2018년도, 포드는 2021년, 혼다는 2020년, 도요타는 2020년, 르노와 닛산은 각각 2020년과 2025년, 볼보는 2021년, 현대가 2040년이었습니다. 그다음으로 다임러가 2020년, 피아트가 2021년, BMW가 2010년이었습니다. 시기적으로 이미 모두 다 지난 이야기입니다. 즉 현재 시점에서 보면 과거의 모든 예언은 다 틀렸습니다.

그럼 완전 자율주행차의 꿈은 사라졌을까요? 그렇지는 않습니다. 테슬라 같은 경우에는 이미 상용화된 자율주행 자동차를 판매하고 있고, 2021년도 조사를 보면 2024~2025년에 고속도로에서의 자율주행이 가능해질 것이라고 합니다. 결국 AI의 발전 속도와 자율주행의 발전 속도는 어느 정도 궤를 같이하고 있는 것 같습니다.

그런데 왜 자율주행이 쉽게 안 되느냐? 이에 관련된 여러 장애물들을 살펴보면 제일 큰 원인 중 하나가 바로 '규제'입니다. 예를 들어볼까요? 센싱을 위해서 카메라를 달면 사이드 미러를 없앨 수 있는데도, 자동차 사이드 미러를 없애지 못하도록 규제가 돼 있었습니다. 그 외에도 자동차의 외형과 기능들에 대해서 작은 부분들까지도 많은 규제가 있는데, 이런 규제들 때문에 AI가 접목되기 쉽지 않은 부분이 많이 있습니다. 최근 2021년 조사를 보면 자동차 회사 관련 종사자의 60% 정도 사람들은 규제가 AI를 접목한 자율주행에 가장 큰 걸림돌이라고 얘기하고 있습니다. 이에 따라 최근에

AI, 세상을 만나다

는 이러한 규제들을 완화하는 논의가 활발히 진행되고 있기도 하고, 실제로 구글 같은 경우에 보험 등의 규정을 바꾸기 위해서 우리가 종전에 생각지도 못했던 분야의 인력들을 고용한다는 뉴스도 있습니다.

자율주행 자동차의 또 다른 난관은 기술적 완성도입니다. 기술적 완성도의 측면에서 자율주행 자동차는 AI가 접목됐을 때 99.99% 이상의 신뢰도가 나와야 합니다. 0.01%의 신뢰도가 떨어지는 것도 사고로 직결될 수 있는데, 아직은 AI의 완성도가 신뢰도 99.99%에 미치지 못합니다.

그 외에도, AI는 사실 기술적으로 발전하고 있지만 모빌리티라는 것은 어떤 기술적인 부분만이 아니라 사회 인프라와도 관련이 있고 매우 복합적입니다. 어찌 보면 우리 삶의 일부가 될 것이기 때문에 단순히 AI가 발전했다고 하여 우리 생활에 AI를 접목한 모빌리티가 곧바로 들어온다고 보기에는 조금 어려움이 있습니다.

● AI, 완전한 자율주행을 위해서 무엇을 극복해야 하나?

그러면 AI 관점에서 기술적 도전의 과제는 무엇일까요?

자율주행 같은 경우에는 크게 네 가지 단계로 이루어지는데, 바로 'sensing', 'perception', 'planning', 'control'입니다. 특히 이 중에 특히 AI가 많이 적용되는 부분은 'perception'과 'planning'입니다.

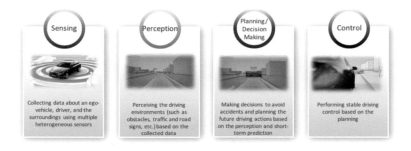

Sensing	Perception	Planning/Decision Making	Control
Collecting data about an ego-vehicle, driver, and the surroundings using multiple heterogeneous sensors	Perceiving the driving environments (such as obstacles, traffic and road signs, etc.) based on the collected data	Making decisions to avoid accidents and planning the future driving actions based on the perception and short-term prediction	Performing stable driving control based on the planning

각각의 단계를 살펴보면 다음과 같습니다.

첫째, 센싱(sensing, 감지)은 카메라, 라이다, 레이다 같은 센서를 이용해서 주변 환경에 대한 정보를 얻는 것입니다. 최근 자율주행차에는 굉장히 많은 센서가 들어갑니다. 앞서 보여드린 웨이모 자동차를 보면 아시겠지만, 최근에는 라이더가 많게는 6~8개 정도 들어가고, 카메라 역시 많게는 8~12개가 들어갑니다. 그러면 센서 가격만 합쳐도 일반 자동차 가격보다 훨씬 비싸게 됩니다. 예를 들어, 5천만 원짜리 자동차에 몇억짜리 센서가 붙는 상황입니다.

그런데 자율주행 자동차에 사용되는 센서들에 관련해서 몇 가지 이슈들이 있습니다. 예컨대 레이저 기반의 라이다 센서의 경우 굉장히 원거리를 센싱하기 위해서 라이다의 파워를 높이면 주변 스캔을 위해 쏜 레이저가 사람의 눈에 들어갔을 때 안전에 문제가 발생하게 됩니다.

현재는 아무도 이 문제에 신경을 안 쓰고 있지만, 향후 이런 문제들 때문에 좋은 센서를 사용하는 데에 제약이 따를 수 있습니다. 또한 센서들은 주야간 혹은 기상 환경에 따른 민감도나 신뢰

AI, 세상을 만나다

도가 다르기 때문에 여러 종류의 센서들을 융합해서 사용해야 하기도 합니다.

둘째 단계는 '인지(perception)'입니다. 자율주행에서 굉장히 중요한 영역이면서 AI가 가장 많이 적용되는 단계입니다. 최근 개발되고 있는 자율주행 자동차들의 시연 장면을 보면 실제로 AI를 통해 주변 환경을 굉장히 정확하게 파악하고 있음을 확인할 수 있습니다. 그런데 문제는 적대적(adversarial) 환경에서 생기는 오류입니다. 적대적 환경이란 센싱 및 인지를 위한 AI에 영향을 줄 수 있는 악천후 혹은 디지털 공격 등을 의미합니다. 만약 0.01%의 리스크가 있다면 제품화하기 어렵기 때문에 많은 기업들이 제품의 상용화를 연기할 수밖에 없는 것입니다.

이 그림은 아마 많이 보셨을 것입니다. 왼쪽 위의 그림은 자동차로 인식되고, 그 아래의 그림은 강아지로 인식됩니다.

그런데 여기에 어떤 노이즈 공격이 들어오면 AI 모델이 적용됐을 때 스쿨버스를 타조로 인식해 버릴 수도 있습니다. 마찬가지로 판다였던 그림이 다른 걸로 인식될 수도 있을 것입니다. 단순히 정적인 상태에서 사물의 형태 인식이 잘못된다면 큰 문제가 안 될 수 있겠지만, 자율주행 자동차에서 이런 문제가 발생한다면 엄청난 사고로 확대됩니다.

가령 아래 그림의 (d)처럼 도로를 따라 벽이 있는 것으로 장면을 완전히 다르게 인식할 수도 있습니다. 그래서 "그냥 길이니까 앞으로 가도 된다. 사람이 없다."라고 인식하면 엄청난 인명사고로 이어집니다.

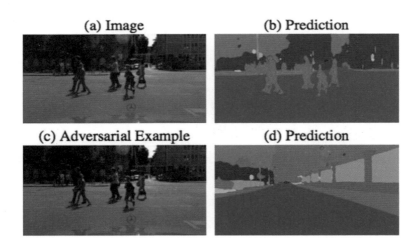

(a) Image

(b) Prediction

(c) Adversarial Example

(d) Prediction

그런데 AI는 이런 종류의 어택에 굉장히 취약합니다. 왜냐하면 현재의 모빌리티에 사용되는 AI란 게 결국은 모두 어떤 데이터셋을 활용한 학습에 기반하고 있기 때문입니다. 따라서 그 데이터셋의 특정 확률 분포(distribution)에 어긋나는 데이터가 들어오게 되면 엉뚱한 결과를 내놓을 수 있기 때문에 여전히 위험성이 존재하는 겁니다.

　'STOP' 사인 역시 마찬가지입니다. 스톱 사인에 공격이 들어가면 '양보하세요'라고 인공지능이 인식할 수도 있고, 혹은 'max speed 100'으로 인식할 수도 있습니다.

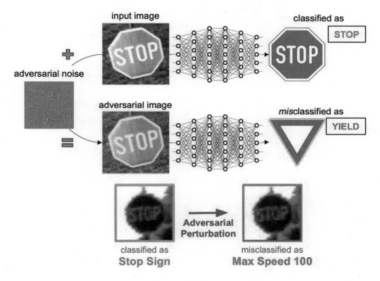

적대적인 디지털 공격을 받을 수 있는 AI

　이런 '적대적 디지털 어택(adversarial digital attack)'은 우리가 보완을 잘하면 되지 않겠느냐는 의견이 나올 수 있겠습니다. 그런데 어택에는 디지털 어택만이 아니라 '피지컬 어택(physical attack)'도 있습니다.

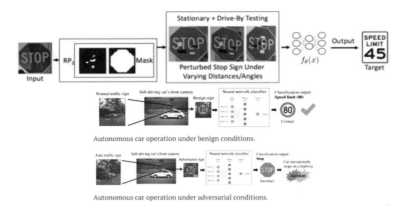

'STOP' 사인의 AI 인식에 오류가 나는 과정

위의 그림을 보시면 누가 'STOP' 사인에 테이프를 붙였습니다. 그래도 우리가 보기에는 여전히 'STOP'입니다. 하지만 AI는 다른 형태로 인식해서 'speed limit 45'로 해석합니다. 이처럼 여전히 AI를 일반적인 환경에 적용하는 데에는 다양한 어려움이 있습니다.

아울러 기본적으로 모빌리티 환경이 굉장히 다양하고 복잡하기 때문에 이를 종합적으로 이해하는 것은 매우 어렵습니다. 자동차는 운행 중에 3차원도 파악해야 하고, 내가 어떻게 움직이는지, 사람들은 어떻게 움직이는지, 교통과 관련된 신호나 표시들은 어떤지에 관련된 'simatic' 정보도 알아야 합니다. 그리고 그 요소들이 서로 간에 어떻게 인터랙션하는지, "저 신호가 빨간 불이 되면 차가 서고 사람이 건넌다."라는 등의 'simatic' 정보와 결합된 인터랙션에 대한 정보도 파악해야 합니다. 또 사람과 차량 간의 인터랙션도 알아야 합니다. 그런데 사람은 이런 정보들을 총체적으로 쉽게

AI, 세상을 만나다

파악할 수 있지만, AI 시스템이 이것을 자동으로 하기는 아직까지 굉장히 어렵습니다.

또 다른 어려움은 급작스러운 상황이나 사고, 예컨대 갑자기 사람이 끼어든다든지 하는 상황에 AI가 능동적이고 안정적으로 대처하기가 굉장히 힘들다는 겁니다.

자동차 운행 중 다양한 돌발 상황들

따라서 AI가 모든 문제의 해결책이 될 수 있는 것처럼 말하지만, 사실 이런 어려움들이 있기 때문에 여전히 자율주행이 상용화되는 데에는 난관이 많습니다.

만약 모든 자동차가 AI 자동차라면 자율주행을 구현하기에 상대적으로 쉬울 수도 있습니다. 도로 표지판도 컴퓨터가 더 쉽게 검출하고 이해할 수 있도록 QR코드로 만들면 되고, 사람이 굳이 알아볼 필요도 없습니다. 현재의 자율주행에 존재하는 복잡도는 바로 사람이 운전하는 차와 자율주행차가 하나의 도로에서 함께 달림으로 인해 더욱 심해집니다. 이런 상황에서는 AI가 사람을 이해해야 하기 때문입니다.

따라서 실제적으로는 자율주행 자동차만 다니는 인프라가 별도로 필요할 수도 있습니다. 현재의 AI 자동차들이 지금의 인프라에서 얻어진 데이터를 가지고 학습된다고 할 경우, AI들은 학습에 사용된 인프라 구조에 오버피팅(overfitting)이 될 수밖에 없습니다. 그래서 공공 인프라가 바뀔 때마다 AI가 적용되는 모빌리티는 굉장히 어려움을 겪을 것입니다.

이런 점을 고려할 때 장기적 관점에서 AI를 고려한 별도의 지속 가능한 인프라를 생각해 볼 수 있을 것입니다. 하지만, 앞서 이야기 드린 대로 인프라를 바꾸는 것은 공공의 영역에서도 매우 신중하게 접근해야 하는 부분이기 때문에 많은 사회적 논의가 필요합니다.

지금까지 AI와 모빌리티라는 주제로 다양한 측면에서 논의해 볼 만한 내용들을 소개해 드렸습니다. AI가 매우 빠르게 발전하면서 이에 힘입어 모빌리티도 매우 빠르게 발전해 가는 것은 사실이고, 이를 통해 우리 인간의 삶이 많이 바뀌고 있는 것도 사실이긴 합니다.

다만 보다 큰 관점에서 아직까지도 더 개선되거나 논의가 필요한 부분들이 많이 남아있습니다. 그리고 AI 측면에서도 모빌리티를 상용화하기 위해서 넘어야 할 난관들이 있기도 합니다. 모빌리티는 우리 삶과 사회의 일부이기도 하고, 기술적인 면과 함께 사회

AI, 세상을 만나다

적인 면도 담아내야 합니다. 따라서 기술적 발전에 따라 다양한 사회적 논의가 함께 진행되어야 진정한 가치를 가지게 될 것으로 믿습니다.

—윤국진(KAIST 기계공학과 교수)

새로운 연금술사,
인공지능

● AI 시대, 화학의 근본적 고민

화학의 본질이란 뭘까요?

일단 '화학' 하면 일반 교과과정에서 처음 배우는 게 주기율표입니다. 주기율표는 인류가 발견한 원자들을 말 그대로 그 주기에 따라서 또는 일련의 규칙에 따라서 표로 정리해 놓은 겁니다. 주기율표에 있는 원소들은 실제로 자연에 존재합니다. 그리고 이런 원소들을 잘 섞어서 뭔가 유용한 것을 만드는 게 바로 화학입니다.

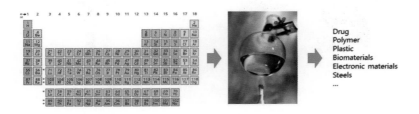

Drug
Polymer
Plastic
Biomaterials
Electronic materials
Steels
...

주변에서 쉽게 구할 수 있는 물질을 '트랜스포메이션(trasformation)' 해서 약물(drug)이나 폴리머(polymer), 플라스틱(plastic), 혹은 생체재료나 전자재료 등 우리 생활에 필요한 값진 물질로 만들어냅니다. 그러니 이 원소들을 잘 섞어서 합성이 가능한 분자구조를 만들고, 그렇게 했을 때 우리가 어떤 특성을 기대할 수 있는가를 연구하는 게 화학이라고 할 수 있습니다.

이걸 좀 더 세분화해서 요약하면, 어떤 기능을 가지는 분자를 '설계(design)'하는 것, 그렇게 설계된 분자를 '합성(synthesis)'해서 만들어내는 것으로 나뉩니다. 인류 번영에 큰 영향을 준 유용한 분자 설계의 대표적인 예는 다음과 같습니다.

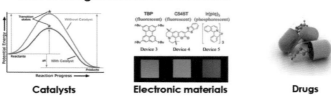

어떤 화학 반응을 더 빠르게 하기 위한 '촉매' 개발입니다. 이를테면 비료의 대량 생산은 촉매 개발 때문에 가능해졌고, 그 덕분에 식량 역시 대량 생산하게 되어 인류가 이렇게까지 발전할 수 있었습니다. 그런 점에서 촉매가 중요한 하나의 물질이 될 수 있겠습니다. 전

AI, 세상을 만나다

기적 물질, 실리콘, 혹은 핸드폰에 들어가는 올레드(OLED)나 배터리 같은 것들이 모두 다 유용한 물질의 예가 되겠습니다. 이런 것들도 당연히 화학으로 만들 수 있는 물질들이고, 또 다른 예로 약품들이 있습니다. 그리고 이것들을 '합성'해야 하는 문제가 있습니다.

이 두 가지는 화학에서 가장 근본적인 문제입니다. 화학자가 실험실에서 고민하는 것은 '어떻게 하면 특정 기능을 가지는 분자들을 좀 더 스마트하게 디자인할 수 있을까?', 그리고 그렇게 만들어진 물질을 '어떻게 하면 효율적으로 합성할 수 있을까?'입니다.

그런데 원하는 목표만 정해 놓고 이 목표를 자동으로 컴퓨터가 설계해 줄 수 있다면 시행의 오류를 줄여서 가장 효율적으로 만들 수 있을 것입니다. 그러다 보니 단순히 화학만 알아야 하는 게 아니라 물리, 수학, 생물학, 재료학, 컴퓨터과학 등등 다양한 전공지식이 필요합니다.

실제로 저희 실험실을 예로 들면 화학과 학생들이 전산 관련 분야를 복수전공 한다든지, 재료과학이나 수학과 학생이 화학을 복수전공 한다든지 하는 식으로 연구하고 있습니다.

● 화학에 AI가 왜 필요하지?

'화학에서 왜 AI를 써야 하는가' 하는 주제로 넘어가 보면, 결국은 어떤 유용한 물질을 설계하는 게 화학에서 하나의 중요한 목표이기 때문입니다. 가령 2013년 판 《Scientific American》에는 'The

New Alchemists'라는 표제가 붙어 있습
니다. 역사적으로 사람들이 뭔가 물질
을 잘 섞다 보면 금을 만들 수 있지 않
을까 하는 생각으로 해왔던 게 연금술
인데, 그게 실제로 되지는 않습니다. 원
소 간의 변환이 일어나지는 않기 때문
입니다. 하지만 이 과정에서 사람들은
물질이 원소들의 조합으로 만들어지는

2013

것을 알았고, 따라서 서로 다른 것을 잘 조합하다 보면 원하는 최적
의 어떤 물질을 만들 수 있지 않을까 하는 생각을 하게 되었습니다.
그러나 그 수많은 가능성들을 실제로 실험하지는 못하다 보니 '계산
(computation)'을 해보자는 얘기가 예전부터 나왔었습니다.

　실제 예를 들면, 하버드대 화학과에서 했던 일인데, 태양 전지(solar
cell) 물질을 만드는 겁니다. 태양 전지 물질을 만들기 위해 26개 빌
딩블록의 조합으로 230만 개의 복합물질이 나올 수 있다고 합니다.

　하지만 이걸 다 실험하기는 불가능하므로 컴퓨터과학의 소프트웨
어들을 이용해서 어떤 기준을 만족하는 분자들만 남겨지도록 시뮬레
이션을 해보는 겁니다. 이 과정에서 1억 5천만 번의 양자화학 계산을
수행했다고 합니다. 'y=f(x)'라는 문제인데, 'x'가 분자구조가 되고 'y'
가 해당 분자의 특성이 되는 함수를 우리가 알고 있는 어떤 물리 법
칙을 바탕으로 푼 겁니다. 그리고 이것을 똑같이 딥러닝으로, 혹은
AI로 할 수 있지 않을까 하는 생각을 했습니다.

AI, 세상을 만나다

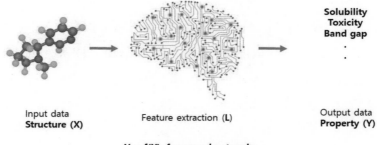

Input data
Structure (X) Feature extraction (L) Output data
Property (Y)

Solubility
Toxicity
Band gap
.
.

Y = f(X); f = neural networks

예를 들면, 똑같이 'x'와 'y' 사이에 관계를 찾는데, 예전에는 'x'를 인풋으로 해서 'y'를 계산했다면, 이 딥 뉴럴 네트워크를 활용할 때 는 둘 사이를 데이터 기반으로 매핑할 수 있지 않을까 하고 생각한 것입니다. 'y=f(x)'인데 이 'f'라고 하는 '알 수 없는 비선형함수(unknown nonlinear function)'를 빅데이터를 기반으로 연관지어 풀어버립니다. 그러 면 소위 이 물질의 구조와 특성 사이에 알려져 있지 않은 관계성을 학습하게 됩니다. 학습이 잘 되면 새로운 물질의 구조에 대해서 그 특성을 예측하는 일을 할 수 있게 될 것입니다.

그럼 기존의 방법으로 할 수 있는데, 왜 굳이 이걸 AI로 해야 될 까요? 일단 컴퓨터 계산 비용에서 완전히 차이가 납니다. 예를 들 어, 앞서 말씀드린 양자화 계산을 하게 되면 하나의 분자에 대해서 보통 10^3초 정도 시간이 드는데, 이걸 머신러닝으로 혹은 딥러닝으 로 대체하면 이보다 약 10만 배 정도 빠릅니다. 따라서 굉장히 많은 양을 스크리닝할 때는 계산 비용 면에서 머신러닝, 혹은 AI가 월등 히 뛰어납니다.

실제로 하버드 그룹에서 했던 실험 중 하나는 OLED 물질인데, 이걸 100만 개 정도 탐색하기로 했습니다. 무작위 샘플링을 통해 우선 한 10만 개 정도만 계산하고, 이 결과를 데이터로 이용해서 머신러닝 트레이닝을 하는 겁니다. 그리고 나머지 물질에 대해서는 머신러닝 한 것으로 예측해서 스크리닝을 함으로써 최종적으로 계산 비용을 약 10분의 1로 줄여서 원하는 결과를 얻을 수 있었습니다. 그런 다음 2016년에 논문을 발표했습니다.

하지만 이게 다가 아닙니다. 앞서 100만 개를 탐색한다고 했는데, 예를 들어 약품으로 한정했을 때 후보가 될 만한(drug like) 물질 분자의 화학적 공간이 한 10^{60}개로 추정된다고 합니다. 우주의 별보다 많은 추정치입니다. 문제는 그중에 사람들이 합성해 놓은 분자들의 개수는 겨우 한 10^8개 남짓이라는 겁니다. 화학적 공간(chemical space)이 이렇게나 큰데, 그중에 고작 100만 개 정도 해본 셈입니다.

그러나 과학자의 탐구심은 끝이 없습니다.

'그거 가지고 안 된다. 훨씬 더 많은 분야들이 존재하고 더 좋은 물질들이 숨어 있을 거다.'

이 문제를 어떻게 풀 것인가 하는 게 고민이 되고, 그러다 보니 자동으로 AI를 쓰게 됩니다.

● 딥러닝, AI는 무엇이 다른가?

앞서 언급했듯이 풀려고 하는 건 'y=f(x)'라는 문제인데, 둘 사이에 계산이 아니라 매핑을 하게 되면 똑같은 데이터를 가지고 이번에는

'y'를 인풋으로 두고 'x'를 아웃풋 하게 됩니다. 그럼 'y= f(x)'가 아니라 'x= f⁻¹(y)'가 됩니다. 그래서 우리가 원하는 특성을 인풋으로 주고 아웃풋으로 물질을 찾아낸다면 엄청나게 많은 숫자를 대량 신속처리(high throughput)로 스크리닝하는 대신 우리가 원하는 물질을 한 번에 얻어낼 수 있지 않을까 하는 생각입니다. 'y=f(x)'를 풀 수 있다면 똑같이 이 역함수도 딥 뉴럴 네트워크로 매핑을 할 수 있지 않을까 하는 것입니다.

그래서 실제로 사람들은 일종의 화학구조를 임베딩 벡터로 매핑하는 작업을 해봤습니다. 예를 들어, 오토 인코더(auto encoder)나 베리에이셔널 오토 인코더(VAE: Variational Autoencoder)처럼 생각해봅시다. 화학구조를 집어넣고 벡터를 만들어낸 다음, 이 벡터 스페이스가 예컨대 워드 투 백터(word - to - vector)처럼 임베딩 벡터에 매핑이 되면, 이 벡터 스페이스에서 뭔가 우리가 조정을 한 다음, 만들어진 벡터를 다시 분자구조로 디코딩합니다. 그러면 앞서와 같은 역문제(inverse problem)를 풀 수 있는 거 아니냐고 생각할 수 있습니다. 이런 동기에서 많은 사람들이 연구를 해왔습니다.

이렇게 VAE를 쓰는 것들, 자연어 생성 모델을 쓰는 것들, 강화학습을 쓰는 것들, GAN(Generative Adversarial Network)을 쓰는 것들 등등, 2018년 무렵 다양한 그룹에서 다양한 아이디어로 딥러닝에서 발전했던 알고리즘들을 활용해 화학 문제를 푸는 일들을 해왔습니다. 저희 실험실에서도 비슷한 시기인 2018년 정도에 Conditional VAE(CVAE)를 이용해서 우리가 원하는 특성들을 임베딩 벡터 스페이스에서 조절함으로써 원하는 것들을 만들어낼 수 있지 않을까 하는 내용의 논문이 나왔습니다.

그리고 그다음 해에 이것보다 조금 더 성능을 높이기 위해서 단순히 VAE를 쓰는 게 아니라 'latent vector'를 대립적으로(adversarial) 만들어냈습니다. 그랬더니 좀 더 디코딩이 잘 되는 결과를 보았습니다.

저희가 했던 것 중에 좀 더 화학자다운 작업이라면 어떤 빌딩 블록* 이 주어졌을 때 거기에 원자를 붙이는 일이었습니다. 내가 원하는 물질의 특성에 도달하도록 주기율표에서 어떤 원자를 선택하고, '그 원자를 어디에 붙이면 좋을까, 그랬을 때 만들어지는 이 분자는 우리가 원하는 특성을 만족할까?'라는 질문을 계속해가면서 분자를 확장시켜 나가는 작업이었습니다.

이런 방식의 연구를 통해 2020년부터 차례대로 논문을 써왔었고 좀 더 최근에는 예컨대 신약 개발에 적용하기 위한 연구를 해왔습니다. 신약 개발이라는 건 특정 병의 원인이 되는 단백질이 있으면, 예컨대 코로나 바이러스 같은 게 있으면 이 바이러스가 제대로 기능하지 못하도록 활성 사이트라고 하는 결합 부위에다 인위적으로 만든 분자를 끼워 넣는 작업입니다. 그러면 이 단백질이 기능을 못하므로 바이러스가 죽는다든지 하는 생물학적인 메커니즘을 이용해 약을 만들 수가 있습니다. 그런데 이를 위해 수많은 분자들을 테스트하려면 비용이 크므로 대신 단백질 구조를 템플레이트로 두고 이 템플레이트에 맞는 분자를 조건으로 삼은 다음 바로 설계를 하는 겁니다. 마찬가지로 3차원 공간에서 모델을 변형하여 개발하는 일들도

---

* 빌딩 블록 : 분자 합성의 단위체로 구매가 가능하고, 그 자체로는 기능을 하지 않지만, 빌딩 블록의 조립을 통해 더 큰 분자를 설계함으로써 원하는 기능을 부여할 수 있음.

AI, 세상을 만나다

병행하고 있습니다.

하지만 '이렇게 만든 게 과연 실제로 합성될 수 있느냐?'의 문제는 연구자들이 물질을 만들어서 실증해야 합니다. 앞서 말씀드렸던 화학의 두 번째 목표대로 효율적으로 합성하는 게 좋다는 건 알지만, 정작 합성을 못 하면 소용이 없습니다. 사진을 생성하는 것은 그냥 이미지를 만들고 나면 끝이지만, 약물의 경우 실제 물질을 만들어야 하기 때문입니다.

이 문제를 풀기 위해 저희가 실험실에서 추구했던 방안 중 하나는 '만들어 놓고 합성할 수 있느냐를 고민하는 게 아니라, 처음부터 합성할 수 있는 걸 만들자'는 거였습니다. 우리가 구매할 수 있는 빌딩 블록을 가지고 합성할 수 있는 방법으로 조립하는 것입니다. 그래서 빌딩 블록들을 우리가 알고 있는 반응대로 붙여가면서 원하는 특성에 도달하게끔 분자를 설계하는 방식으로 진행했습니다.

이 과정에서 우리는 데이터가 너무 적고 굉장히 불균일하다(heterogeneous)는 사실을 알게 됐습니다. 그래서 이 문제를 해결하기 위해서 나름대로 지금까지 해왔던 일들을 몇 가지 소개해 드리겠습니다.

데이터가 얼마나 적었는지 알기 쉽게 말씀드리면, 사람들이 많이 하는 이미지 데이터셋 같은 경우에는 그 규모가 천만 개, 언어 데이터셋 같은 경우에는 아마존 리뷰 같은 것들도 다 천만 개 단위입니다. 그런데 예를 들어 약물에 관련된 것들, 특히 단백질과 분자가 서로 결합되어 있는 구조 같은 경우에는 한 데이터가 4,800개 정도밖에 없고, 특정 단백질, 특정 질병으로 한정시키면 수백 개 정도에 불과합니다. 그리고 분자의 독성을 예측하는 모델을 만들어야겠다고 하면 단위가 많아야 만 개, 좀 좁히면 수천 개 정도 단위밖에 없습니다.

이렇듯 데이터가 적은 게 문제인데, 데이터를 확보하는 건 당연히 돈이 많이 드니까 당장에 해결될 쉬운 문제는 아닙니다. 따라서 이걸 어떻게 극복할 것인가가 고민이었습니다.

그래서 저희가 했던 것들 중에 하나는 베이지안 인퍼런스(bayesian inference)를 이용해서 '불확실성 정량화(uncertainty quantification)'를 하는 것이었습니다. 그런데 이를 진행해 보면, 최대공산(maximum likelihood), 최대 사후 확률(maximum a posteriori) 같은 싱글 포인트 인퍼런스(single point inference)에 비해서 베이지안을 쓸 때 정확성이나 여러 가지 방법들이 근소하게 향상됩니다. 물론 이것이 궁극적인 해결책은 아니지만 말입니다.

그다음으로 '귀납적 편향(inductive bias)'를 잘 쓰면 뭔가 오버 피팅을 피할 수 있다는 것을 증명하려고 저희가 했던 일 중에 하나는, '우리가 흔히 알고 있는 물리적인 법칙을 따르게끔 딥러닝을 만들어보자.'는 것이었습니다. 그리고 이와 같은 의도로 단백질과 리간드 사이의 상호작용을 예측하는 모델을 'physics informed' 방식으로 연구해서 최근에 논문을 발표한 바 있습니다.

이렇게 하면 기존보다 두 배 정도 성능이 좋아지는데, 그래봐야

AI, 세상을 만나다

100개를 실험했을 때 한 개나 두 개 정도가 맞는 수준입니다. 예측의 정확도로 봤을 때는 한 2% 정도밖에 안 되는 셈이지만 정확도의 증가 비율로 봤을 때에는 두 배로 개선된 것입니다. 그리고 이런 선행학습(pre-training) 방법들, 그러니까 지도형 기계 학습(supervised learning)을 하는 것보다 비지도형 기계 학습(unsupervised learning)을 쓰면 훨씬 더 합리적으로 문제를 해결할 수 있었습니다.

그러면 이런 방법들을 실제 세상에 적용했을 때 어떤 일이 생겼을까요? 신약 개발 관련해서 저희가 LG화학이랑 같이 했던 일을 예로 들어보겠습니다. LG화학에서 만들려고 하는 어떤 질병 타깃을 대상으로 저희가 분자 설계를 한 것들을 한 200개 정도 드렸었습니다. LG화학에 있는 합성 전문가분들이 그것을 보시고는 그중에 한 40개 정도는 쉽게 합성할 수 있겠다고 해서 실제로 합성을 했습니다. 그리고 합성된 40개를 대상으로 실험을 해보니 15개에서는 저희가 예측한 정도의 정확도로 괜찮은 결과가 나오더라는 것입니다. 200개에서 시작해서 최종 15개니까 실제로 정합성까지 생각하면 한 7% 정도 예측 정확도로 볼 수 있습니다.

물론 똑같은 내용의 실험에서 사람이 시행착오하다 보면 두 개 정도밖에 성공을 못했는데, AI를 사용해 6개월 동안 조금 더 나아진 정도의 효과를 본 경우입니다.

그다음에 올레드(OLED) 물질을 설계하는 과제는 SK 머티리얼즈, LG 디스플레이와 함께 수행했습니다. 그때 저희는 엄청나게 많은 물질 범주에서 최종적으로 사람들이 합성할 수 있는 것까지 골라서 10개를 합성한 후 두 개 정도를 실제 디바이스로 만들었습니다.

여기에서 '효율(efficiency)'의 개념을 잠시 설명드릴 필요가 있습니다. 전자를 주입했을 때 빛으로 나오는 비율이 얼마만큼 되는가 하는 정도를 'efficiency'라고 합니다. 그런데 두 개를 가지고 실험해 보니 원래 목표치는 20% 정도의 효율성이었는데, 실제로는 각각 4.5%, 3.6% 정도의 효율성밖에 얻지 못했다 하는 한계점이 있었습니다.

산업혁명을 통해서 발전한 모든 것들은 이제 전부 디지털 · 자동화하고 있습니다. 얼마나 많은 것들을 자동화할 수 있느냐 하는 문제는 당연히 화학 분야로 넘어오더라도 똑같습니다.

화학 분야에서 설계하고 합성하는 것을 자동화 관점에서 들여다보면, 우선 설계한 분자가 정말 우리가 원하는 특성을 가지는가 분석을 합니다. 그리고 그걸 바탕으로 연역 · 귀납적으로 뭔가 아이디어를 찾아내 새롭게 설계한 뒤 다시 합성하고 분석하는 사이클들을 자동화하게 됩니다.

그런데 합성하고 분석하는 것들은 좀 기계적으로 진행할 수 있습니다. 이런 기계적인 단순 반복 작업은 로봇화(robotization)를 통해서 자동화할 수 있을 것이고, 대신 이렇게 분석된 결과로부터 어떤 해석을 해내고 설계에 반영하는 데에는 소위 전문가적인 직관, 과학적인 해석이 필요합니다. 따라서 이런 부분은 기계적인 자동화가 불가능합니다.

AI, 세상을 만나다

그런 관점에서 봤을 때 당연히 인공지능이 필요하다는 생각이 듭니다. 그래서 이런 것들이 잘 결합된다면 소위 자율주행처럼 실험실이 자동으로 돌아가서 어떤 물질을 설계하고 합성한 뒤 우리가 원하는 것들이 일주일이 지나면 자동으로 나오는 일들이 일어나지 않을까요? 상상력을 넓히면 해당 물질이 신약이 될 수도 있고, 새로운 배터리가 될 수도 있으며, 어떤 전기적 물질이 될 수도 있겠습니다.

그리고 이런 희망에 넘치는 상상들에 대해 1980년대에 사람들은 이런 얘기를 했습니다. 'Golden age of computational drug design'이 도래할 것이라고 말입니다.

● AI와 화학의 미래에 펼쳐진 몇 가지 숙제들

2013년판 《Scientific American》의 에세이를 통해 누군가는 이 얘기에 대해 비판한 적이 있습니다. 비판의 대상은, "흰 가운을 입은 사람들은 역사의 호기심으로 남을 거다. 그래서 하드웨어와 소프트웨어만 발전한다면 전부 다 컴퓨터로 대체될 거다."라는 주장입니다. 1980년대에 사람들이 얘기했던 그 미래를 2013년 현재 우리는 여전히 기다리고 있고, 이전과 똑같이 약은 실험실에서 흰 가운을 입은 사람들이 만들고 있다는 식으로 비판한 것입니다. 사람들이 인공지능에 거는 막연한 기대는 옛날에 있었던 일의 '데자뷰'일 뿐이라는 지적입니다.

그런 관점에서 사람들이 많이 얘기하는 것 중에 하나가 '더닝 크루

거 효과(Dunning–Kruger effect)**입니다. 뭔가 새로운 기술이 나오면 뭔지 모를 자부심, 소위 '과잉자부심(over confidence)'이 생기게 됩니다. 그리고 뭔가 대단한 일이 일어날 것처럼 생각하지만, 조금 더 알고 보면 '그게 아니네, 이런 문제가 있네, 저런 문제가 있네.' 하면서 점점 처음에 가졌던 자신감이 떨어지는 일이 생깁니다. 그러다가 나중에는 기술이 천천히 발전하면서 잃었던 자신감을 회복합니다. 물론 이 과정에 기술이 어느 단계에 도달해 있는지에 대해 사람마다 생각이 다르기도 합니다. '커뮤니티 전체의 평균이 어디인지…, 우리는 도대체 어느 정도 단계의 기술에 도달해 있는지, 과연 해당 과제를 풀 수 있는 문제인지'에 대해서 자체적으로 성찰을 해보게 되기도 합니다.

이런 점들을 고려하여 AI와 화학의 관계에 대해 두 가지 정도 생각을 해봤습니다.

첫 번째로, 크게 보면 화학 공간(chemical space)를 잠재 공간(latent space)으로 매핑해서 문제를 풀어보자고 하는 것인데, 이게 과연 계산 가능한(computable) 것인지, 정말 수학적으로 풀 수 있는 문제인 것인지에 대한 질문입니다. 화학에서 풀려고 하는 문제는 매우 복잡한데, 이렇게 단순히 매핑해서 정말로 해결할 수 있는가에 대한 의문이기도 합니다.

예를 들면, 이 상황을 표현형(phenotype: 개개인의 사람 형상)에 비유할 수

---

* Dunning-Kruger 효과 : 심리학에서, 주어진 지적 또는 사회적 영역에서 제한된 지식이나 능력을 가진 사람들이 객관적인 기준이나 동료 또는 일반적인 사람들의 성과에 비해 해당 영역에서 자신의 지식이나 역량을 과대평가하는 인지 편향

AI, 세상을 만나다

도 있습니다. 그리고 표현형을 DNA로 기호화한 것을 유전형(genotype)이라고 하는데, DNA가 바뀌면 당연히 그에 따라 표현형도 바뀝니다. DNA라고 하는 것은 네 개의 염기서열로 표현되는, 일종의 벡터처럼 보이는 이산화(discretization)된 정보인데, 그걸로 발현되는 표현형들은 굉장히 다양합니다.

그런데 화학은 이것과 뭔가 비슷한 일을 하고 있는 것 같습니다. 분자구조, 화학구조라는 것은 표현형에 해당하고, 벡터라고 하는 것은 유전형, 아마도 유전자 같은 역할을 한다고 보면 되겠습니다. 그리고 이것들을 잘 취합하면 뭔가 이들 사이에 관계가 형성되고, 우리가 바라는 것처럼 잠재 공간(latent space)을 잘 조절해서 원하는 물질들을 만들어낼 수 있지 않을까 하는 생각을 합니다.

두 번째로, 단순히 하나의 특성을 맞추는 게 아니라 상업성이 있는 물질을 만들려면 수십, 수백 가지 특성들을 통제해야 하고, 실제로 합성이 가능해야 하는 다중 목적 문제(multi-objective problem)를 풀어야 합니다.

그렇다면 이런 화학 공간을 우리가 인공지능으로 설계하려면 어떻게 해야 할까요? 사실 간단해 보이지만 이 화학적 문제는 보통 한 7~10년 차 숙련된 박사나 포닥도 감당하기 어렵습니다. 그런데 이것을 AI로 풀려면 우리가 알고 있는 AI 말고 뭔가 좀 더 화학적 지능(chemical intelligence), 혹은 과학적 지능(scientific intelligence)이라고 하는 개념의 더 복잡한 형태로 진화해야 하지 않을까 하는 생각을 하게 됩니다.

그러면 과연 우리가 생각하는 이런 매핑은 가능할까요? 그리고 이런 매핑이 가능하다면 앞으로 어떤 식으로 AI를 설계해야 이 복잡한 다중 목적 문제를 풀 수 있을까요?

약간은 어려운 주제를 던지는 것 같기도 합니다만, 이런 고민들이 요즘 저를 기분 좋게 괴롭히고 있습니다. 만약 AI를 잘하시는 분들이 있으면 이런 주제들을 가지고 협력하며 좀 더 토의를 해보고 싶은 마음에서 이 두 가지 문제를 던지며 마무리할까 합니다.

—김우연(KAIST 화학과 교수)

AI, 세상을 만나다

기후변화의
세심한 감시자, AI

● 간단한 산술에 달린 지구의 운명

기후변화와 관련해 아마 독자 여러분은 이런 유형의 그림을 중고
등학교 때 많이 보셨을 것입니다.

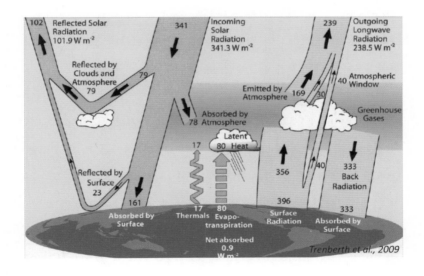

어떤 시스템에서 에너지가 균형을 이루면 더워질 일도 추워질 일

도 없습니다. 기후변화를 논할 때 우리는 보통 지구온난화를 얘기하는데, 온난화라는 건 태양으로부터 온 열의 일부가 우리 지구에 계속 남는 것입니다. 결국 굉장히 간단한 산수입니다.

지구로 유입되는 태양 복사(incoming solar radiation: 341.3W/㎡)와 반사된 태양 복사(reflected solar radiation: 101.9W/㎡), 그리고 방출되는 장파 복사(outgoing longwave radiation: 238.5W/㎡). 이것들이 균형을 이루느냐 못 이루느냐에 따라 결정되는데, 이 간단한 산술식을 풀어보면 (−101.9+341.3−238.5=) 0.9가 나옵니다. 이게 지구온난화의 핵심입니다.

그런데 이게 어느 정도 숫자일까요? W/㎡니까 단위 면적에 매초 1J의 에너지가 들어오는 것으로 계산할 경우, 우리 지구의 면적이 한 510trillion㎡ 정도 되는 것을 감안해서 곱할 때 460TJ/s 정도가 됩니다. 히로시마에 떨어졌던 원자 폭탄인 '리틀보이' 7개 정도의 에너지입니다. 이런 에너지가 매초 지구에 쌓이고 있는 상황이죠.

여기서 0.9라고 하는 건 물리량인데, 이 숫자가 사실은 신문 같은 데에 굉장히 많이 나옵니다. 요즘에 기후변화 얘기를 하면 시나리오에 '8.5', '4.5', '7.0' 같은 숫자가 붙어 나오는데, 사실은 그 숫자의 뒤에 W/㎡라는 단위가 숨겨져 있습니다. 그러니까 기후가 이 시나리오로 진행되면 '21세기의 마지막 즈음에는 매초 이 정도의 잉여 에너지가 계속 쌓인다'는 예측량을 시나리오 이름으로 이용하고 있습니다.

AI, 세상을 만나다

그럼 이제 기후변화의 대응에 대해서 살펴볼까요?

작년에 IPCC에서 〈기후변화 6차 보고서〉가 나왔습니다. 다음의 그림을 보시면 x축이 인류가 산업혁명 이후에 배출한 이산화탄소의 누적량입니다.

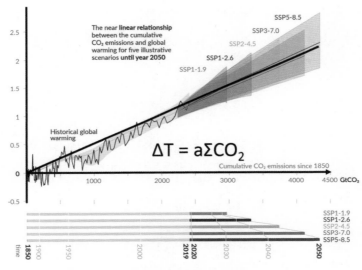

인류가 산업혁명 이후 배출한 이산화탄소 누적량

이해를 돕기 위해서 이산화탄소에 대해 쓰레기라는 표현을 하겠습니다. 이산화탄소는 본래 오염 물질로 분류하지 않습니다. 원래부터 지구에 좀 많이 있고 안정하기도 한 물질인데, 어쩌다 보니 인간이 화석연료를 이용하게 되면서 너무 많이 배출되어 일종의 쓰레기처럼 취급받고 있습니다. 쓰레기 매립지가 차면 찰수록 더 이상 쓰레기를 내보낼 수가 없는 것과 마찬가지 상황입니다. 그리고 지금까지 내보낸 만큼 지구의 온도가 선형적으로 올라갑니다. 그래서 우리가 이산화탄소를 덜 배출하면 안 올라가고, 배출한 걸 치우면 온도도 내려갑니다.

이렇게 보면 기후변화 대응이라는 것 또한 굉장히 간단합니다. 예를 들어 y가 1.5일 때 x가 얼마일까, 이게 기후변화 대응의 전부입니다. 온도 상승 제한 목표치(y)에 해당하는 이산화탄소 누적 배출량(x)까지 남은 값을 탄소예산(carbon budget)이라고 합니다.

● 기후변화, 무엇이 문제인가?

시스템의 안정성은 보통 내부 에너지로 정의합니다. 온도가 올라가면 변동성이 커집니다. 변동성이 커지게 되면 극한 이벤트가 일어날 확률이 확실히 늘어나게 됩니다.

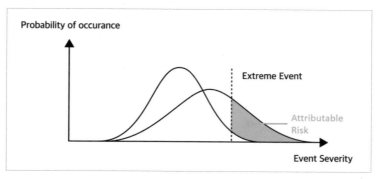

기후변화에 따른 리스크 증가 상황

파랗게 칠한 곳이 기후변화 때문에 더해진 어떤 특정한 이벤트, 그

AI, 세상을 만나다

러니까 우리가 보통 얘기하는 '100년에 한 번의 홍수'라든지 하는 리스크의 증가량입니다.

신문 등에서 굉장히 많이 보신 것처럼 홍수, 폭염, 가뭄, 태풍 등에 대한 리포트를 UN에서 발간합니다. 그에 따르면 최근 20년 동안 자연재해로 인해 죽은 사람들이 130만 명 정도 됩니다. 그중에 90% 이상이 극단적 기상 현상, 즉 홍수, 폭염, 가뭄, 태풍 등으로 인한 것이었습니다. 그리고 경제적인 피해 같은 경우에도 과거 20년 전과 최근을 비교해 보면 약 250%가 증가했습니다.

이런 게 왜 문제가 될까요?
시나리오에 따라서 다르긴 하지만 기본적으로 전 세계 인구는 증가합니다. 이와 더불어 경제도 발전합니다. 그렇기 때문에 변동성이 더 커지면서 보통 리스크 노출 정도와 취약성이라는 두 가지 요인이 동반 상승하면서 위험성이 훨씬 더 커집니다.

이런 문제들에 대비해 저희는 지구 메타버스 기술에 관심이 많습니다. 간단히 말하면, 20세기 중반부터 개발되어 온 기후 모델의 확장된 개념이라고 할 수 있습니다. 근본적으로는 동일한 수치 시뮬레이션인데, 현재는 디지털 트윈의 개념

시뮬레이션 지구(좌)와 실제 지구(우)

을 투영할 수 있을 만큼 정확도나 상세화가 굉장히 많이 이루어져 있습니다.

앞의 그림을 보시게 되면 왼편은 시뮬레이션으로 만들어 낸 지구이고, 오른편은 인공위성에서 찍은 지구 사진입니다. 가상 세계의 지구가 현실의 지구와 굉장히 흡사하게 구현된 것을 볼 수 있습니다. 최근에 메타버스의 대중화에 힘입어 사람들이 개념적으로 받아들이기 좀 더 쉬운 상황이 되어 종종 메타버스라는 표현을 빌려 설명하고 있습니다.

블루마블

한편 왼편의 사진은 아마 굉장히 많이 보셨을 것입니다. '블루마블'이라는 사진입니다. 1970년대에 마지막 아폴로가 찍은 사진인데, 인류가 거의 처음으로 찍었던 지구의 풀 디스크 샷입니다. 왜 '블루마블'이냐면, 파래서입니다. 파란 건 물입니다.

근데 사실 여기에 물은 더 많이 있습니다. 하얀 것도 물입니다. 하얀 것 중에 절반은 구름, 남쪽에 보이는 건 아이스캡, 그러니까 남극의 얼음도 물이죠. 그림 중앙의 아프리카 콩고강 근처 녹색들은 식물인데 거기에도 물이 많이 있습니다.

이것만 봤을 때 사실 사람의 흔적은 찾아보기 힘듭니다. 우리가 신문이나 잡지에서 종종 접하는 우주에서도 볼 수 있다고 하는 지구의 지형지물들은 실상 육안으로 안 보입니다. 굉장히 고해상도, 그러니까 m 단위라든지 ㎝ 단위의 촬영이 가능한 위성들이 있기 때문에 그런 것들로 찍을 수는 있지만, 기본적으로 지구 전체 스케일을 봤을 때 육안으로 인간의 흔적은 보이지 않습니다.

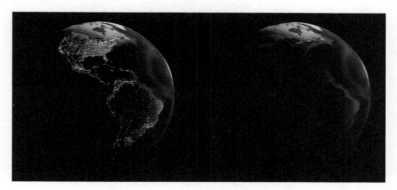

사람이 있는 지구(Anthropogenic Earth)(좌)와 자연적 지구(Natural Earth)(우)

　하지만 위의 그림과 지구의 사진은 보셨을 것입니다. 밤의 야경을 보게 되면 인류의 흔적이 드러납니다. 저는 보통 왼쪽의 지구를 '사람이 있는 지구', 즉, '인류세 지구'라고 표현하고, 오른쪽의 지구를 '자연의 지구'로 표현합니다. 이런 가상의 지구를 컴퓨터 안에다 만들어 놓고 한 몇천 년 돌려보면서 "여기에서 태풍이 더 세지더라." 아니면 "여기가 확실히 가뭄이 덜하더라." 하는 것과 같은 연구들을 합니다.

예를 들면, 1850년대부터 2100년 정도까지 지구의 기온 변화를 이야기해볼까요? 아마 프로그램을 돌리면 녹색에서 점점 노란색으로 변해갈 겁니다. 그러다가 붉어지겠죠.

이를 토대로 다음의 그림처럼 두 가지 메타버스를 만들어 봤습니다. 왼쪽이 2℃ 증가한 시나리오, 오른쪽이 4℃ 증가한 시나리오입니다. 왼쪽이 소

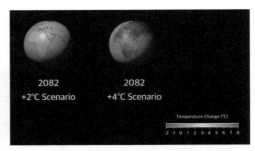

2도가 상승한 지구와 4도가 상승한 지구

위 말하는 탄소 중립에 근접했을 때, 오른쪽이 지금처럼 우리가 계속 방만하게 살았을 때입니다. 그리고 우리 삶의 행태에 따라 이런 식으로 지구가 달라지게 됩니다.

● AI, 지구 기후 모델링의 첨병이 되다

그런데 제가 아직 AI 얘기를 하나도 안 했네요. 여기까지 봐도 연구 잘하고 있는데, 굳이 꼭 AI를 사용해야 할까요? 지금부터 그 이유를 말씀드려 보겠습니다.

제가 이해하는 머신러닝의 핵심은 '차원 축소(dimension reduction)'입니다. 지구과학에서는 다루는 데이터가 워낙 큽니다. 실제로 제가 다루는 데이터만 해도 페타(10^{15}=1,000조)바이트 사이즈입니다. 그리고 이

런 대규모 데이터들을 가공하고 분석해서 그 안에 있는 시그널을 찾아내는 연구를 합니다.

그런 데이터를 만들 때, 가령 기후변화의 미래를 그리기 위해서 우리가 앞으로 어떻게 살아갈 것인지에 대해 있음직한 시나리오를 씁니다.

그런데 수년 전에 쓴 내러티브가 마치 예언자의 예언처럼 지금 세상과 너무 비슷합니다. 지역주의가 득세하고 그다음에 기아, 빈곤 증가, 이런 식의 이야기입니다. 좀 긍정적인 시나리오도 있고 굉장히 안 좋은 시나리오도 있는데, 이런 것들에도 스토리라인이 있고 그런 스토리라인을 우리는 숫자로 바꿔야 합니다.

스토리라인을 숫자로 바꾸기 위해서 쓰는 모델을 '통합환경모델(integrated assessment model)'이라고 하는데, 여기에는 사회경제적 발전(socioeconomic development)과 거기에 필요한 에너지 생산, 식량 생산 등이 고려됩니다. 그런 것들을 도모하게 되면 필연적으로 에너지를 소비하게 되고, 그러면 일정 부분 이산화탄소가 발생할 것입니다. 이산화탄소의 방출량에 따라서 온실 효과가 앞서 언급한 '0.9'니 '8.5'니 하는 식으로 정해지게 되고, 그러면 다시 그 숫자를 지구시스템 모델 안에 집어넣어 시뮬레이션합니다. 결과적으로 이산화탄소가 좀 더 많은 경우는 점점 더 따뜻해질 테고, 적은 경우는 좀 덜 따뜻해질 것입니다.

이런 기후변화 시뮬레이션을 하고 난 다음에는 각 지역에서 여러 가지 변동이 생길 것입니다. "여기는 비가 갑자기 많이 오게 됐네.", "저기는 점점 비가 안 오게 됐네." 하는 변화상을 반영해 사람들은 다시 한번 세상에 적절하게 전략을 세웁니다. 어떤 전략을 세우느냐, 어떤 액션을 취하느냐에 대한 가이드로서, 요새 자주 회자되는 '지속가능발전목표(sustainable development goals)'가 좋은 예라고 할 수 있습니다.

그런데 우리가 어떻게 살아야겠다는 것들은 사실 아직 이 지구 시스템 모델링에는 적용이 안 되어 있습니다. 왜냐하면 이에 대한 함수가 없기 때문입니다. 사람의 의사결정(decision making), 이를테면 게임이론 같은 것을 생각할 수가 있을 텐데, 이런 것들 또한 정량화해야 합니다. 예를 들어, 모델링 프레임워크가 있다면 그 안에서 국가 간의 외교나 무역 등과 같은 변수에 의해 상호간의 균형들이 바뀝니다. 그래서 이런 것들을 모델링하고 싶은데 할 수가 없습니다. 그런데 행위자 기반 모형(agent-based model)이라든지 인공지능 등을 이용해서 이런 모델을 만들거나 하는 연구가 최근에 막 시작되고 있는 상황입니다.

루이스 프라이 리처드슨(Lewis Fry Richardson : 1881~1953)은 1차 세계대전 무렵에 활동했던 수리물리학자이자 기상학자인데, 처음으로 수치예보에 대한 개념을 거론했습니다. 그는 1922년에 《수치 처리에 의한 날씨 예측(weather prediction by numerical process)》에서 사람들이 전 세계를 나눠 가지고 계산하면 어디에 비가 올지 알 것이라고 했고, 여기서 'Fantastic Forecast Factory'를 이야기하기도 합니다.

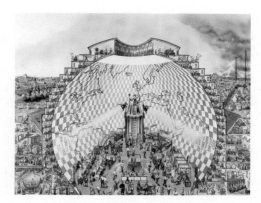
Richardson's Fantastic Forecast Factory (출처: 유럽지리학회)

하지만 처음에는 실패합니다. 사람들을 체육관 같은 데 모아두고, "너는 한국, 너는 중국, 너는 일본" 하는 식으로 나눠서 막 계산을 시켰는데, 사람의 손으로 해결하기에는 계산이 복잡하고 계산량이 너무 많았습니다. 그래서 처음에는 실패했지만, 2차 대전 때 에니악(ENIAC)이 나온 후로 비로소 계산에 성공합니다. 그런데 그때에도 내일 예보를 하는 데 24시간이 더 걸렸습니다. 내일 예보를 모레에나 알 수 있으니 그게 무슨 예보입니까? 그래서 당시에는 실제로 운용될 수 없는 상황이었지만, 지금은 그런 예보들을 당연하게 일주일 뒤까지도 척척 해내고 있습니다.

여하튼 지구과학 분야의 계산량은 어마어마합니다. 게다가 점점 고해상도로 가니까 '자유도(degree of freedom)' 같은 걸 간단하게 계산해 보면 $0.1°$, 그러니까 한 10㎞ 정도를 쪼개 가지고 계산해도 3,600 곱하기 1,800 곱하기, 그다음에 연직으로도 쪼개야 되니까 100 곱하기, 거기에다 상태 변수들 몇십 개 하면…(????), 이 정도가 자유도입니다. 때문에 사실 AI를 가지고 학습시키기에는 데이터가 너무 적습니다.

그래서 저희들이 취하는 방법들은 물리 모델과 접합하는 하이브리드 모델링이나 어떤 컴포넌트를 따로 떼어내 가지고 전이학습(transfer learning)하는 방식인데, 이런 것들에 대한 연구들이 요즘 많이 진행되고 있습니다.

얼마 전에 오크리지국립연구소(Oak Ridge National Laboratory)의 '프론티어(Frontier)'라고 하는 최초의 엑사(exa:10¹⁸: 100경) 스케일 슈퍼컴퓨터가 생겼습니다. 전 세계적으로 보면 1등이 미국의 프론티어(Frontier)이고, 그다음에 일본의 후가쿠(Fugaku), 다음으로 핀란드의 루미(LUMI)가 놀랍게도 3위였습니다. 4위는 미국에서 프론티어 이전에 제일 빨랐던 서밋(Summit)이고, 그다음이 미국 에너지부(DOE: Department of Energy)의 시에라(Sierra), 그리고 중국의 선웨이 타이후라이트(Sunway TaihuLight)가 6위입니다.

시선을 안으로 돌려 보면, 우리나라에서 제일 빠른 건 삼성전자에 있는 슈퍼컴입니다. 그다음으로는 기상청에 두 대가 있습니다. 기상청은 쉼 없이 오퍼레이션이 되어야 합니다. 따라서 하나가 죽으면 바로 다른 게 투입이 돼야 하므로 똑같은 슈퍼컴이 두 개가 있습니다. 사실 슈퍼 컴퓨팅 쪽에서도 우리나라가 많이 부족합니다. 위에 언급한 세 개를 다 더하더라도 계산능력이 프론티어의 5% 밖에 되지 않습니다.

AI, 세상을 만나다

그런데 최근 칼텍에 타피오 슈나이더(Tapio Schneider)라는 연구자의 연구를 주목할만합니다. 그분이 구글 창업자이자 CEO인 에릭 슈미트와 마이크로소프트 공동창업자 폴 앨런으로부터 굉장히 큰 투자를 받아 기계학습형 기후 모델 개발을 시작했습니다.

이분도 궁극적으로는 인공위성 같은 것의 데이터를 이용해서 완전히 'fully data-driven'을 하겠다고 했는데, 지금 상황에서는 어떤 특정 프로세스를 교체해 나가는 AI 베이스의 서브 모델을 만들어서 이것을 조금씩 컴포넌트로 바꿔 나가자는 전략을 가지고 진행하고 있습니다.

한편 저희 분야에서 '기후&인공지능' 관련해 몇 군데 선도적인 그룹들이 있는데, 데이터 모델 퓨전 쪽에서는 막스 프랑크 인스티튜트 예나(Max Planck Institute Jena) 팀이 매우 뛰어납니다. 생지화학(biogeochemical) 쪽인데, 그쪽에서 마커스 라이히슈타인(Markus Reichstein)과 그 동료들이 《네이처》의 〈퍼스펙티브(perspective)〉 코너에 기고를 했습니다. 어스 시스템(earth system) 모델링에서 우리가 어떤 식으로 AI를 이용할 수 있는가에 대한 것이었습니다.

여기서는 대상 분류(objective classification) 후 지역화(localization)했을 때, 예를 들어 어떤 곳에서 극한 상황의 기후 발생(extreme event)이 있겠다는 것들을 추출해낸다든지, 아니면 물리 모델이 요구하는 계산 자원(computational resource)이 너무 크니까 AI를 이용한 초해상화(super-resolution) 같은 방법으로 상세화한다든지, 혹은 비디오 예측(video prediction) 기술을 써서 수 시간 뒤를 예측하기 위한 단기예보(short-term forecasting)를 예로 들고 있습니다.

또 한 가지 사례로, 해양학자이신 전남대학교 함유근 교수님 팀이 2019년에 굉장히 중요한 논문을 썼습니다.

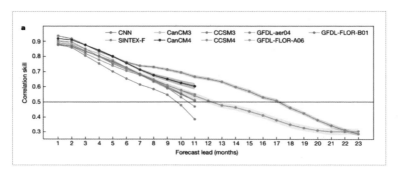

FORECAST LEAD (MONTHS)

위의 그림을 보시면 상관관계 스킬(correlation skill)이니까 위로 가면 갈수록 좋은 모델입니다. 그리고 빨간색이 전남대팀에서 개발한 AI 해양 모델입니다. 실제 물리 모델의 데이터를 이용해서, 이를테면 물리 모델을 만 년씩 돌려가지고 AI를 학습시켜서 나타낸 결과입니다. 거의 2년 예측까지 최신 물리 모델보다 성능이 좋습니다.

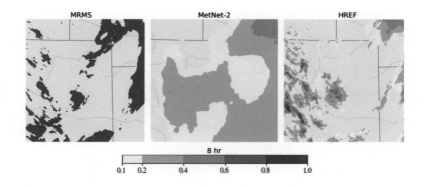

MRMS   MetNet-2   HREF

8 hr

0.1   0.2   0.4   0.6   0.8   1.0

위의 그림은 작년에 구글에서 만든 '멧넷(MetNet)'이라고 하는 AI 일기예보 모델 결과입니다. 보시면 제일 왼쪽 MRMS가 참값, 즉 실측자료(ground-truth)이고, 오른쪽 가운데 그림이 인공지능 결과, 그리고 맨 오른쪽에 있는 게 물리 모델입니다.

어떤 그림이 가장 좋게 보이십니까? 저는 처음에 봤을 때 멧넷이 되게 좋다고 얘기를 들어서 제일 오른쪽 그림인 줄 알았습니다. 하지만 멧넷은 중간 그림입니다. 통상적으로 기계학습을 이용했을 때는 'high frequency feature'가 잘 안 잡힙니다. 이렇게 그림이 평활(smoothing)하면 상관관계를 구할 때 데이터 값이 올라가는데도 불구하고 저런 이미지를 포착해 낸 《네이처》의 논문이 처음에 되게 신기했습니다.

여기서 하나 더 중요한 점은 AI의 경우 한 번 학습시키고 난 후 그다음에 드는 비용이 굉장히 낮다는 사실입니다. 그런 이유로 저희는 AI가 현재 물리 모델을 운용하는 데에 절대적으로 필요하다고 생각하고 있습니다. 여러 가지 부분에서, 특히 지배방정식(governing equation)

이 존재하지 않는 프로세스라든지, 아니면 꽤 많은 관측 자료들이 있어서 지금보다 어떤 컴포넌트를 좀 더 잘 만들 수 있다든지 하는 조건에서 AI가 꼭 필요합니다. 그러니까 기본적으로 하이브리드 모델이 되겠습니다.

한편 〈Artificial intelligence reconstructs missing climate information〉 이란 논문도 상당히 흥미롭습니다.

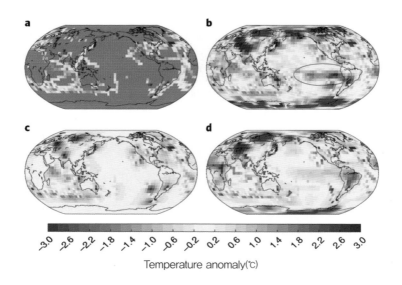

Temperature anomaly(℃)

위의 〈a〉 그림은 1860년경 관측 자료입니다. 그 당시의 관측 자료는 보통 바다에 있는 배가 측정한 결과물입니다. 그래서 북미와 대서양 사이에 데이터가 엄청 많습니다. 원래 관측 데이터가 이것밖에 없었는데, AI로 복원(reconstruction)을 해서 〈b〉와 같이 Full-map을 만들어낸 겁니다. 그리고 〈c〉 같은 경우, 크리깅(kriging)이라고 하는 약간 고전적인 보간(interpolation)을 했을 때는 이런 모습이 안 나옵니다. 하지만 그림 〈b〉의 빨간색 부분에는 엘니뇨가 나타나죠. 다른 데이터를 통해서 부족한 데이터를 가지고도 'full matrix'를 복구하는 작업에도 AI가 이용되고 있습니다.

● AI, 잠들지 않는 기후 감시자

최근에 산불 얘기들을 많이 합니다. 저희 연구팀도 광주과학기술원(GIST)의 윤진호 교수님팀과 함께한 산불 연구가 있습니다. 슈퍼 레졸루션(super resolution)과 물리 모델의 결과를 바이어스 보정(bias correction)을 하면서 산불기상지수(FWI)를 계산할 때, 인공 학습을 이용해서 고해상도의 데이터를 만들었습니다. 그리고 비교해봤더니 AI를 같이 이용했을 때 확실히 좋은 성능이 나더라는 겁니다. 특히 국지적 산불 예측에서 말입니다.

'익스트림 이벤트(extreme event)'는 보통 공간 규모가 작습니다. 다시 말해 보통 핀(pin) 포인트로 일어나기 때문에 '상세화'가 매우 중요합니다. 상세화라는 게, 예를 들면, "한 시간 후에 어은동에 비가 100㎜ 올 거예요."라고 했다가도 실제로는 어은동에 안 오고 세종에 올 수 있습니다. 그런데 지금 우리가 하는 연구의 격자를 보면 30㎞에 하나 꼴로 돼 있으니까 하나만 비껴나도 완전히 다른 지점에 강수가 발생하는 것입니다. 그래서 상세화를 할 때 지리적 상호배치(geographical co-location)가 굉장히 중요합니다. 그런 것들이 AI를 이용했을 때 잘 표현되었습니다.

다음으로 홍수의 측면에서 또 한 가지를 말씀드리겠습니다.

보통 이론적으로 무한한 계산 능력과 무한한 데이터가 있다고 가정할 때, 사실 '자료를 다 주면 AI가 그냥 알아서 다 해주겠지.'라고 생각할지 모릅니다. 그런데 전처리나 후처리 같은 것들은 실제로 그렇지 않기 때문에 어느 정도 문제 자체를 처음부터 최적화시키는 작업이 필요합니다. 따라서 이런 것들을 계산할 때 분야 지식(domain knowledge)을 잘 녹여내면 결과가 훨씬 더 좋아지지 않을까 하는 가정에서 출발합니다.

가령, 아래의 그림은 홍수를 예측하는 모델입니다.

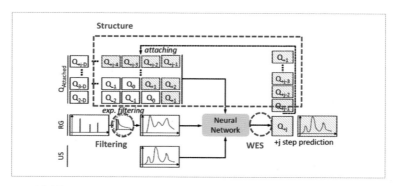

Multifaceted Enhancement of Neural Network Learning Strategy
for Time-series Prediction

현 단계에 흐르는 강물의 유량은 당연히 이전 단계 강물의 유량과 굉장히 비슷합니다. 상당히 자기상관이 강한 시스템입니다. 그렇다면 우리가 내일을 바로 예측하지 말고 한 6시간 있다가 측정하고, 그 측정치를 이용해서 다시 12시간 이후로 가고, 이렇게 다단계

측정(multi step prediction)을 하는 게 좀 더 안정적일 수 있겠다는 겁니다.

결국 강물은 빗물입니다. 하지만 강이 거의 마르지 않고 흐르는 것과 달리 비는 안 올 때가 더 많습니다. 그렇다면 비와 강물은 일련의 물리과정들을 거치면서 통계적 특성이 달라진다는 건데, 이런 경우 관계하는 물리과정의 방정식들을 약간 단순화해서 필터링해보자는 겁니다. 그래서 저희가 'exponential filtering'을 해가지고 그 결과를 변형시켜서 분포를 비슷하게 맞췄습니다.

그리고 보통 AI에서 많이 하는 분류 등의 경우에는 대부분 균등분포(uniform distribution) 같은 걸 가정하고 진행하는데, 저희가 다룬 자연 데이터는 전혀 그렇지가 않아서 0이 무척 많고, 작은 값도 상당히 많습니다. 따라서 이런 것들을 고려하고자 새로운 손실함수(loss function)를 개발하기도 했습니다.

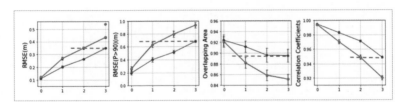

Multifaceted Enhancement of Neural Network Learning Strategy
for Time-series Prediction

앞에서 ❶ 맨 좌측 그래프의 빨간 점은 고전적인 옛날 AI라고 생각하시면 됩니다. ❷ 그다음에 초록색 선이 장단기 메모리(Long Short-Term Memory, LSTM)입니다. ❸ 다음으로 파란색이 LSTM인데, 소위 말하는 분야 전문 지식(domain knowledge)을 가미한 경우 옛날 뉴럴 네트

워크에서 딥러닝으로 가는 수준에 흡사한 정도의 성능 개선이 일어
납니다.

여기서 아까 말씀드렸던 이 알고리즘만을 가지고 좀 더 잘 다듬어
서 레이블(lable)과 인풋(input)의 분포 특성을 맞추고 AI를 학습시키면
서 데이터 분포의 특성을 고려한 평가를 하는 게 훨씬 더 성능이 좋
아질 것으로 예상해서 적용했더니 실제로도 결과가 그렇게 나타났
습니다. 그래서 여러 가지 손실 함수(loss function)들과 다 비교해 봤더
니 항상 성능이 더 좋더라는 결과를 작년에 아래의 논문으로 발표
했습니다.

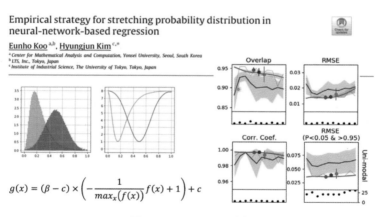

이처럼 AI와 물리모델의 긴밀한 협업은 기후 변화의 대응 및 적
응에 대한 정보의 고도화에 있어서 효율을 크게 증대시킵니다. 특

히 인간 활동과 같이 견고한 지배방정식이 존재하지 않거나 해상
도를 높이는 데 부하가 매우 큰 경우에 더더욱 유효하다 할 수 있
습니다. 또 반대로 분야 전문지식을 배제한 AI기반 모델 개발 전
략은 성능의 최대화를 꾀하기가 힘들 수 있다는 점 또한 주지해야
할 것입니다.

－김형준(KAIST 문술미래전략대학원 교수)

AI, '그럼에도 불구하고', '다음'을 꿈꾸게 하다

● 알파폴드, 과학자를 이기다

일렬로 연결된 아미노산(amino acid)이 접히면 단백질이 됩니다. 단백질의 3차원 분자구조는 분자의 기능을 결정하기 때문에 굉장히 중요합니다. 그래서 단백질의 구조를 규명하는 학문 분야가 따로 정립되어 있습니다. 구조생물학(structural biology)이라고 하는 분야에서 단백질의 구조를 규명하기 위해 X-ray 회절을 이용한다든지, 아니면 2017년에 노벨 화학상을 받은 초저온 전자현미경(Cryo-EM)과 같은 혁신적 기술들을 통해서 단백질의 구조를 밝혀오곤 했습니다.

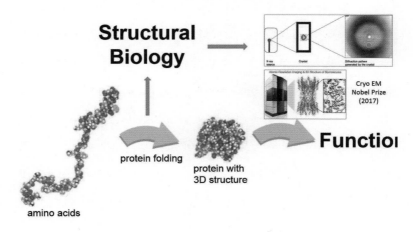

단백질 접힘(protein folding)의 문제와 관련해서 아미노산 염기서열로부터 3차원 구조를 예측하는 프로그램인 알파폴드가 구글의 딥마인드에서 개발되었습니다. 그리고 2020년 초에 논문으로 발표되었고, 소프트웨어가 공개되었습니다. 학계에서는 이를 두고 생명과학, 나아가 과학의 연구 방향을 획기적으로 전환시킬 것으로 보고 있습니다. 인공지능을 통해 단백질의 구조를 예측·조절할 수 있다는 것은 궁극적으로는 그 기능도 컨트롤할 수 있다는 이야기이기 때문입니다. 우리 몸의 생명 유지 및 질병 발생과 치유도 궁극적으로는 단백질의 작용에 기인하는 것이기에 큰 파급력이 있습니다.

물론 처음부터 알파폴드가 완벽하지는 않았습니다. 알파폴드는 기존에 보고된 데이터셋에 기반하여 구조를 예측하기에, 데이터셋이 존재하지 않는 단백질에 대해서는 예측을 하지 못할 것이라는 의구심이 있었습니다. 그러자 딥마인드에서는 1년 만에 '알파폴드2'를 통해 '비상동 구조(non-homologous structure)'에 대해서도 구조를 예측할 수 있는 프로그램을 개발했습니다. 단백질이 서로 여러 개가 연결되어 있는 멀티 프로테인 구조를 설계하는 게 중요한데, 기존의 알파폴드는 그것을 못하지 않냐는 비판이 나왔습니다. 그러자 다시 1년 만에 역시 딥마인드에서 '알파폴드 멀티머(alphafold-multimer)'를 탄생시켜 멀티프로테인의 문제까지도 단서를 제공하였습니다.

아미노산의 서열로부터 단백질의 3차원 구조를 예측하고 디자인하는 연구자들은 CASP(Critical Assessment of protein Structure Prediction)라는 대회를 2년에 한 번씩 개최합니다. 이쪽 분야의 연구자에게는 이 대회에서 몇 등을 했다 하는 것이 해당 그룹의 연구 수준을 나타내는 주요한 지표가 됩니다.

그런데 2020년도 CASP 결과를 보면 '알파폴드2'가 압도적인 실력차로 우승을 합니다. 워싱턴 대학교 단백질디자인연구소의 데이비드 베이커(David Baker) 그룹이 전 세계적으로 단백질 구조예측을 가장 잘하는 연구실로 알려져 있었습니다. 바둑으로 치면 단백질 디자인 연구계의 이세돌과 같은 사람입니다(물론 베이커 그룹의 접근법도 AI적인 기법을 많이 사용합니다). 그런데도 알파폴드2에 비하면 그 대단한 베이커 연구실도 2인자가 되고, 후순위의 연구자들도 이 분야에서 '내로라하는' 실력자들임에도 불구하고 다음의 그래프 결과처럼 알파폴드2에 비해서 좋은 성적을 내지 못하였습니다.

#	GR code	GR name	DomAlns Count	SUM Zscore (>−2.0)	Rank SUM Zscore
1	427	AlphaFold2 A	92	244.0217	1
2	473	BAKER	92	90.8241	2
3	403	BAKER−experimental	92	88.9672	3
4	480	FEIG−R2	92	72.5351	4
5	129	Zhang	92	67.9065	5
6	009	tFold_human	92	61.2858	7
7	420	MULTICOM	92	63.2689	6
8	042	QUARK	92	60.0226	10
9	324	Zhang−Server	92	60.8875	8
10	488	tFold−IDT_human	92	57.6435	11
11	368	tFold−CaT_human	92	60.5423	9
12	334	FEIG−R3	92	48.4424	20
13	039	ropius0QA	92	55.7086	12

저의 주된 연구 분야는 천연물 합성입니다. 다음의 그림은 굉장히 복잡한 알파벳으로 연결된 벌집처럼 보이시겠지만, FDA 승인을 거친 대표적인 천연물 기반 약품입니다.

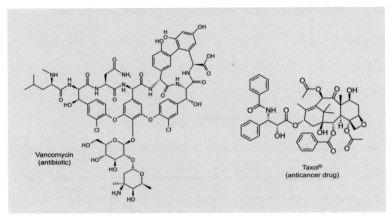

반코마이신과 택솔의 화학 구조

앞의 그림에서 왼쪽이 반코마이신인데(vancomycin), 의학 드라마를 보시면 의사가 "반코마이신 투여해!"라고 외치는 걸 종종 보실 겁니다. 요즘 항생제 내성을 갖고 있는 슈퍼박테리아가 큰 사회적 문제인데, 반코마이신은 인류가 갖고 있는 최후의 보루와 같은 항생제 중 하나입니다. 말하자면 더 이상 다른 항생제들이 듣지 않을 때 최후에 쓰는 항생제입니다.

한편 앞의 그림에서 오른쪽의 화합물은 택솔(taxol)이라는 천연물 기반 항암제입니다. 키모테라피(chemotherapy: 항암 화학요법)를 할 때 주로 사

AI, 세상을 만나다

용되는 2차 대사물질(secondary metabolite)입니다.

　실제 FDA 2012년 보고서에 따르면 1981년부터 2010년까지 보고
된 모든 저분자 약품 중에서 64%가 천연물 혹은 천연물에서 유래한
약품들입니다. 저희 연구실은 천연물을 통하여 새로운 과학적 문제
를 발굴하고 이에 대한 솔루션을 개발하여 인류에 이바지한다는 것
을 모토로 삼고 있습니다. 자연에서 만들어진 천연물의 생합성 기작
을 반영하여 복잡한 천연물을 화학적으로 합성하는 게 바로 제 연구
분야이기도 합니다.

　사람들은 종종 합성화학을 건축에 빗대어 얘기합니다. 합성화학
자를 분자의 '아키텍트(architect)'라고 이야기하곤 합니다. 건축이라는
게 건물을 지을 때 설계도대로 실물을 만들면 되듯이 분자도 비슷한
프로세스를 거칩니다.

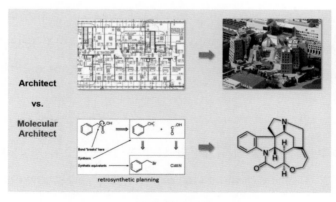

건축 ∞ 합성화학

복잡한 분자를 만들기 위해서도 어떤 설계적인 측면, 디자인적인 측면에서 특정 방식으로, 어떤 청사진을 갖고 만들겠다는 계획이 있습니다. 그리고 특히 복잡한 목표분자로부터 단계적으로 복잡성을 낮춰가면서 디자인하는 것을 '역합성 계획(retrosynthetic analysis)'이라고 합니다.

'Retrosynthetic Analysis'라고 처음 정의한 E.J. Corey는 유기합성화학 분야에서 전설적인 연구자입니다. 그는 1990년에 노벨상을 받았는데, 수상 이력이 좀 독특합니다. 보통 노벨상을 받을 때는 특정한 업적에 대한 공로로 받지만, Corey 교수님은 그냥 유기화학을 '너무나 너무나 잘해서' 받은 상당히 특이한 경우입니다.

그런데 Corey 교수님이 역합성 분석이라는 개념을 창안했을 때, 이는 역합성 알고리즘을 통해서 '컴퓨터 기반 분석 유기합성(Computer-assisted analysis in organic synthesis, 《Science》 228, 1985, pp.408~418)'을 하기 위함이었습니다. 하지만 Corey 교수님이 역합성 개념을 제안한 1985년 당시는 컴퓨터의 계산능력이나 알고리즘이 이를 구현하기에는 역부족이었습니다.

그러나 컴퓨팅 파워가 개선되고 다양한 알고리즘이 개발되면서 2018년 〈Planning chemical syntheses with deep neural networks and symbolic AI〉와 같은 논문이 나오게 됩니다(《Nature》 555, 2018, pp.604~610). 그리고 최근에는 더 복잡한 천연물에 대해서도 역합성을 적용할 수

AI, 세상을 만나다

있다는 논문이 《네이처》에 게재되었습니다(〈Computational planning of the synthesis of complex natural products〉, 《Nature》 588, 2020, pp. 83~88).

또 최근 UNIST(울산과학기술원) 화학과의 지보프스키(Grzybowski) 교수는 Corey 교수가 못다 이룬 역합성 프로그램인 'Chematica'를 개발하였습니다. 수십만 개의 화학반응을 코드(code)화하여 자동적으로 분자의 합성경로를 제안해주는 프로그램입니다.

• "Ideas are cheap. Execution is everything."

그렇지만 현실은 녹록하지 않습니다. 'Synthetic Reality(합성의 냉담한 현실)'라는 문제에 부딪히게 됩니다. 사람이 골몰하여 짜낸 아이디어도, 기계가 제시한 합성경로도(아직은 복잡한 분자에 대해서는 합성경로 예측이 잘 안 되긴 하지만) 분자가 조금만 복잡해지면 반응이 계획한 대로 잘 작동하지 않습니다. 실제로 합성을 진행해 보면 그렇습니다, 그것이 냉담한 합성의 현실입니다.

여기에는 여러 가지 이유가 있습니다. 우선 한 반응을 진행함에 있어 너무나 많은 요소들이 고려되어야 합니다. 3차원적 구조를 갖는 기질에 선택적으로 반응이 일어나야 하는데, 구조적으로 반응하고자 하는 작용기가 막혀 있는 경우도 있고, 특정 작용기에 반응이 일어나야 하는데 엉뚱하게 분자의 다른 부분에서 반응이 일어나는 경우도 부지기수입니다. 따라서 처음에 제안한 계획은 대부분 그대로 구현되지 않습니다. 그리고 이와 같은 연유로 화학반응에 대한 깨끗한 데이터셋도 존재하지 않습니다.

사실 천연물 합성 연구에서 99.9%의 시간은 역합성 디자인이 좌절됐을 때, 달리 말해 애초에 세운 계획이 실현되지 않을 때, 어떻게 하면 그것을 해결할 수 있는 솔루션을 찾느냐에 쏟아붓게 됩니다. 그리고 그렇게 해서 찾아낸 솔루션은 처음에 계획하였던 목표뿐 아니라 더 큰 문제를 풀 수 있는 단서를 제공해주기도 합니다. 그것이 유기화학의 존재 이유이기도 합니다.

"Ideas are cheap. Execution is everything."

2017년에 신성철 총장님께서 KAIST에 부임하셨을 때 KAIST 화학과에서 4차 산업혁명 관련 연구비를 수주하기 위해 큰 규모의 과제를 구성한 적이 있습니다. 그때 화학합성의 어려움을 누구보다도 잘 앎에도 불구하고 15명의 대표 화학자들이 모여서 맞춤형 물질 생산을 위한 분자 프린팅 기술 개발을 논의하였습니다.

프린터에 AI적인 요소를 더해 특정 기능을 갖는 분자를 설계하고, AI의 힘을 빌려서 합성전략을 짜는 겁니다. 그런 다음 자동화된 시

AI, 세상을 만나다

스템을 통해서 분자를 합성하면 좋지 않겠냐는 구상이었습니다. 실제로 세계적으로도 분자합성의 프로세스를 자동화하려는 많은 연구가 현재 진행 중입니다.

만약 이와 같은 분자 프린터가 개발될 경우, 어딘가가 아플 때 이를 치료할 수 있는 약을 버튼만 누르면 즉석에서 합성할 수 있는 날이 올지도 모릅니다.

● 화학이란 무엇일까?

앞서 말한 '분자 프린터'를 구현하는 데에는 많은 장애물이 있겠지만, 만약 그것이 완성된다면, 그때 화학이 지니는 존재의미는 무엇일까요?

화학이란 결국 어떤 기능을 할 수 있는 분자를 '디자인'하고, '합성'하며, 그 분자의 '작용 기작을 밝히는' 학문입니다. 그런데 전술한대로 이 모든 과정이 자동화된다면 어떻게 될까요? 어떤 분자를 디자인하는 것도 AI가 하고, 합성전략도 AI가 짜고, 합성도 AI가 자동으로 수행하면, 화학이라는 학문은 지금의 정의대로라면 존재할 필요가 있을지 모르겠습니다.

● AI, 위대한 도구일까 위험한 도구일까?

지금까지 AI와 구조생물학에 대해서 말씀을 드려봤고, AI와 화학에 대해서도 말씀을 드렸는데, 이건 비단 두 학문 분야에만 국한된 이야기는 아닐 것입니다.

　사람이 지구의 생태계를 지배하는 것은 다른 동물보다 월등히 똑똑하기 때문입니다. 그런데 똑똑하다는 건 생물학적으로는 대뇌피질이 더 크고 더 많이 접혀 있으며(highly folded & complex cortex), 상대적으로 전체 인체에서 뇌가 차지하는 용적의 비율이 크기 때문입니다. 인간의 전신 대비 뇌 용적률은 대략 50 대 1 정도 되는데, 이는 다른 동물보다 압도적으로 큰 비율입니다. 가령 코끼리의 뇌가 아무리 커도 전신에 비하여 상대적 비율(1/550)이 작기 때문에 코끼리의 지능에는 한계가 있습니다.

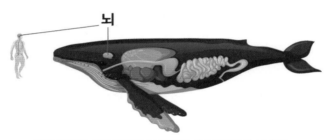

전체 체적에 대한 인간의 뇌 비율과 흰수염고래의 뇌 비율

　그런데 AI에 종사하는 과학자나 공학자의 학문적 목표는 인간 지능에 대한 도전입니다. 달리 말해 아주 똑똑한 AI를, 어쩌면 사람보다 더 똑똑한 AI를 만드는 것입니다. 하지만 범용인공지능(artificial general intelligence)의 개념이 극단적으로 실현되면 어떻게 될까요? 진짜로 모든 것을 사람처럼 생각하고 느끼는 그런 시스템이 나오면, 결국 사람의 지적 활동은 필요가 없어질 것입니다. 요컨대, 범용인공

지능은 인류가 만들어 낼 마지막 발명품이 될지도 모르겠습니다.

 과연 그런 날이 올까요? 혹은 그런 날이 온다 해도 한참이나 뒤일 것이라고 하는 분도 있겠습니다. 하지만 화학자 입장에서 봤을 때, 인간이란 생체 분자들로 이루어진 아주 복잡한 기계에 지나지 않을지 모릅니다. 생각하고 감정을 느끼고 우울해하는, 결국에는 유한한 (finite) 기계일 따름입니다. 인체에는 한정된 수의 분자가 있고, 사고, 감정 등의 프로세스도 이 한정된 육체적 공간 안에서 이루어지는 화학 작용의 결과에 지나지 않습니다. 인간의 '상상력' 혹은 '창의성'도 그러한 분자 간 화학 작용의 결과일 뿐입니다.
 그렇다면 저희가 생각하고 느끼는 지적 활동의 메커니즘이 언젠가 완전히, 궁극적으로 파헤쳐지고 이해될 날이 올 것이라 예상합니다. 바로 지금, 이 순간에도 수많은 뇌과학자, 생물학자, 화학자, 의과학자, 물리학자들이 자신들의 삶을 모두 헌신하면서 뇌를 이해하려고 하고 있기 때문입니다. 우리 뇌의 모든 활동이 이해되는 그날, 사람의 지적 활동과 기계의 지적 활동 간에 차이가 무의미해질지도 모르겠습니다.

 혹여나 뇌라는 시스템이 너무나 복잡해서 완벽히 이해를 못 한다 치더라도 크게 문제는 안 됩니다. 가령 사람이 날기 위해서 새의 날개 근육을 분자, 원자 수준까지 모두 이해할 필요는 없었습니다. 새가 나는 원리를 파악한 후 그 어떤 새보다 훨씬 빨리 날 수 있는 비행기를 만든 게 인간입니다. AI 역시 마찬가지일 겁니다.

이런 미래의 상황에 대해 인간의 실존적 위험(existential risk)을 우려하는 입장도 있습니다. 역사적으로 스티븐 호킹이 한 말 중에 '슈퍼 인텔리전스(super-intelligence)*'라는 개념이 떠오르기도 합니다. 그 외에도 영국의 소설가 새뮤얼 버틀러(Samuel Butler: 1835~1902)는 기계가 지배하는 세계에 대해 걱정하기도 했고, 영국의 수학자 앨런 튜링(Alan M. Turing: 1912~1954) 역시 비슷한 걱정을 했습니다.

반면에 이런 걱정에 대해 "뇌를 다 이해하면 결국 사람의 생각 및 모든 것을 이해할 수 있을 텐데, 그것도 금지해야 하는 거냐?"라는 반론이 제기될 수도 있습니다.

그런데 자연과학자나 엔지니어들은 눈가리개를 한 경주마처럼 맹목적으로 진보를 향해서 달리는 경향이 있습니다. AI라는 도구를 손에 쥔 과학자들의 연구 활동은 이전에 '불가능'이었을지라도 이제는 '그럼에도 불구하고' 달성되는 경우가 더욱 많아질 것입니다. 그리고 한편으로 이런 점은 인류에게 '양날의 검'이 될 수 있다는 사실을 당부드리며 제 이야기를 마무리하겠습니다.

—한순규(KAIST 화학과 교수)

---

* 옥스퍼드의 닉 보스트롬 교수가 지은 《슈퍼 인텔리전스》에 대해 스티븐 호킹은 그의 견해를 지지하며 초지능의 위험성을 경고하고, 인공지능을 인류의 미래 생존에 큰 위협으로 여겼다.

AI, 세상을 만나다

AI, 신소재공학의
새로운 패러다임을 꿈꾸다

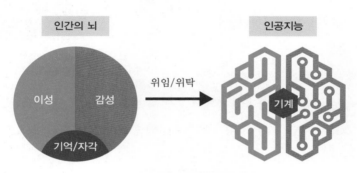

AI, 인간 뇌의 기능을 위임받은 기계?

일단 인공지능에 대해 인간 뇌의 기능을 일부 혹은 전부 위임받은 기계로 한번 해석해 볼까요? 뇌의 기능도 위의 그림처럼 단순하게 이성, 감성, 기억/자각으로 대별해 보겠습니다.

과거 전산이나 전자 관련 과목을 배울 때 '인공 지능'하면 떠올리던 것 중에 하나가 계산기와 컴퓨터인데, 거기에 들어간 소재를 잠깐 살펴볼까 합니다. 일단 계산기는 아시겠지만 사칙 연산을 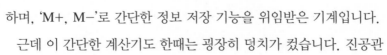 하며, 'M+, M−'로 간단한 정보 저장 기능을 위임받은 기계입니다.

근데 이 간단한 계산기도 한때는 굉장히 덩치가 컸습니다. 진공관

계산기 안의 소재를 보면 백열전구처럼 생겼습니다. 그런데 트랜지스터가 나오면서 계산기의 소자는 트랜지스터로 바뀌고 소재는 실리콘으로 변합니다.

이 실리콘은 그냥 단순 실리콘 소재가 아니라 그 안에 도핑(doping)도 하고 리소그래피로 조각도 한 것입니다. 같은 기능이라도 소재가 달라지면 당연히 성능도 달라집니다.

영국 BELL PUNCH에서 제조한
ANITA 계산기와 내부의 진공관

많은 분들이 이 부분을 간과하는 이유는 계산기를 쓰면서 특별히 계산 속도에는 신경을 쓰지 않았기 때문입니다. 1940~1970년 사이의 30년간 진공관에서 트랜지스터로 바뀌면서 계산 속도는 천 배가 빨라지지만, 인간이 인식할 수 있는 임계점을 이미 넘어섰기 때문에 특별히 속도에 신경 쓰며 계산기를 두드리는 사람은 별로 없습니다.

하지만 이게 왜 중요하냐면, 딥러닝을 할 때도 사칙 연산이 사용되기 때문입니다. 연산을 빨리 해야만 더 빠른 시간 안에 많은 계산을 할 수 있습니다. 컴퓨터는 아시다시피 사칙 연산뿐만 아니라 논리 연산, 정보 저장까지 다 되는 기계가 되어 있고, 컴퓨터 부품 산업에서는 '무어의 법칙(Moore's Law)'*을 굉장히 많이 강조합니다. 그럼에도 불구하고 1970년부터 2020년까지 원판 소재는 실리콘에서 벗어나지 않았습니다. 물론 그 위에 올라가는 박막이라든지 인터메탈

---

* 마이크로칩의 밀도가 18개월마다 2배로 늘어난다는 법칙

AI, 세상을 만나다

릭(intermetallic) 커넥션이라든지 하는 소재들은 살짝씩 다 바뀌었지만 원판 소재는 기본적으로 바뀐 적이 없습니다.

● 좀처럼 안 바뀌는 소재를 진보시키는 패러다임의 변화, 그리고 인공지능

바뀐 건 공정 기술입니다. 어떻게 식각하고, 그 위에 붙이고, 깎고, 또 도핑시키느냐, 같은 소재라도 웨이퍼를 얼마나 크게 해서 경제성을 키우느냐, 그리고 각각을 어떻게 연결하느냐의 방법만 바뀌었을 뿐입니다.

그런데 소재가 같은데도 소재 기술이 발전했다고 할 수 있을까요?

네, 발전했습니다.

같은 소재라도 어떠한 공정을 거치느냐에 따라 물성이 달라집니다. 따라서 신소재 공학에서는 같은 소재라도 공정 기술을 바꾸어 성능을 향상시키기 위한 연구가 많이 이루어집니다. 동일한 대상을 대하는 패러다임의 변화가 촉발한 진보라고 할 수 있습니다.

그러면 AI는 어떨까요?

컴퓨터가 나온 이후로도 우리는 한동안 인공지능에 대해서 위협을 느끼지 않았습니다. 그런데 예컨대 OCR이 문자를 인식함에 따라 OMR 카드를 자동으로 처리한다든지, 수하물을 인간 대신 선별함에 따라 해당 직군이 직접적으로 영향을 받게 되었습니다. 기술의 발전에 따라 버스에서 안내원이 사라졌듯, 인공지능이 인식하기 시작하면서 특정 직군들이 생존에 위협을 받기 시작했습니다. 게다가 문자 인식이 되다 보니 인공지능이 학습을 할 수 있게 되고, 이를 통해 스팸 필터로 스팸 메일을 손쉽게 걸러내고 있습니다. 우리가 읽어야 할 메일인지 읽지 말아야 할 메일인지를 구분해 주는 작업까지 예전의 비서 대신 이제는 인공지능이 하고 있습니다.

그런데 한편 생각해 보면 인공지능이 내 사생활을 침해할 수도 있고 감정적으로 대할 수 있는 위험성은 존재합니다. 게다가 최근 코로나 상황에서 주로 사용된 '확진자 동선' 파악처럼 얼굴 인식이나 카드 사용 내역의 조회 등은 사생활 침해 가능성이 있습니다.

반면 사물 인식을 이용해 자율주행이 가능해진다면 이는 다시 말해 우리의 생명을 인공지능에 맡길 수 있는 시대가 되는 겁니다. 그리고 이런 시대의 도래는 곧 인공지능의 정확도에 달려있다고 봐도 될 것입니다.

인식이 가능하면 학습이 됩니다. 학습이란 대상을 인식 후 인식한 정보가 어떤 카테고리에 속하는지 분류하며, 분류된 카테고리 내에서 정보를 랭킹했을 때의 상관관계를 매칭하는 것입니다. 그 상관관계로부터 인과성을 유추할 수 있고 이를 통해 현상의 원인 규명, 결과 예측, 그리고 제어가 가능해질 것입니다.

아시다시피 알파고는 이세돌과 바둑을 둘 때 로봇팔로 두지 않았습니다. 연구소 쪽에 있는 바둑 5단 연구원이 와서 대신했습니다. 사실 알파고가 "여기에 놓아라."라고 하면 저 같은 사람도 놓을 수가 있습니다. 그런데 왜 굳이 5단인 사람이었을지 의문을 품어 보았습니다. 혹시 '인공지능의 궁극적 사용자는 사람'이라는 메시지를 전달하는 상징적 설정이 아니었을까요?

미래에는 인공지능을 타고 다녀야 하는 시대입니다. 우리가 걸어갈 수도 있지만 자동차를 타면 훨씬 더 빨리 갈 수 있듯, 인공지능을 활용해서 빨리 학습한다면 자존심을 좀 내려놓고 받아들여 적극 활용하는 게 미래의 트렌드가 되지 않을까 하는 생각을 좀 해봤습니다.

일례로 알파제로가 알파고를 이긴 뒤 이걸 조금 더 발전시켜서 알파폴드가 나왔습니다. 알파폴드는 단백질의 구조를 예측할 수 있는 인공지능입니다. 인공지능이 구현하는 아미노산 배열은 소재의 구조를 설계하는 신소재공학의 입장에서 볼 때 '만약 주기율표에 표기된 원소들과 어떤 기초 데이터만 있으면 알파폴드가 소재의 구조도 디자인할 수 있지 않을까?'하는 생각을 하게 만들었습니다.

비슷한 차원의 고민일 수도 있는데, 노벨상위원회에서 만약 인공지능이 설계한 단백질이 진짜 질병을 치료할 수 있게 되면 인공지능에도 노벨상을 줄 수 있을까를 질문했습니다. 그랬더니 위원 중에 한 명이 "그럴 수도 있을 것 같다."라고 얘기했다고 합니다.

결론적으로 현시대에는 굉장한 패러다임의 변화가 일어나고 있다는 말씀을 드리고 싶습니다.

● 인공지능에 어디까지 맡길 수 있을까?

현시점에서 인공지능에 위임할 수 있는 영역 중 가장 논의가 덜 된 부분이 바로 감성 쪽입니다.

과학자가 생각하는 감성이란 뭘까요? 어떤 외부에 있는 오감 자극에 대해 현재와 과거의 시점을 막론하고 뇌가 반응하는 것 아닐까요? 가장 단순하게는 뇌의 반응을 어떤 호르몬 분비나 전기화학적인 신호의 결과로 생각해 볼 수도 있을 것입니다.

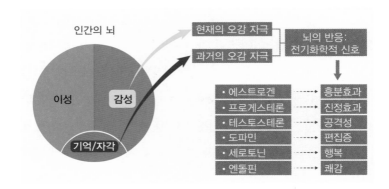

그렇게 생각해 보면 과연 우리가 오감 자극의 영역을 기계에다 맡길 수 있을 것인가에 대한 질문으로 자연스럽게 이어지겠지만, 실상 새삼스러운 질문거리는 아닙니다.

우리는 이미 오감의 자극을 인공지능에 맡길 수 있는 시대로 접어들었습니다. 시카고대의 벤스마이어(Bensmaia) 연구팀은 압전체와 촉감을 센싱하는 뇌 부위를 직접 전선으로 연결했습니다. 그러자 침팬지를 통한 임상 실험을 거쳐 제작된 로봇 의수를 사용해 환자가 포도를 따고, 스마트폰도 사용하며, 악수도 하고, 컵도 정확하게 집었습니다. 이것은 촉각과 시각이 서로 협력하지 않으면 불가능한 일입니다. 즉, 촉각과 시각을 기계에 위임할 수 있는 시대라는 의미입니다.

인공망막 역시 현재 전자 소자 및 소재에 역할을 위임할 수 있는 상황이고, 귀 또한 이미 전정기관이나 그 안에 있는 섬모세포를 대체할 수 있는 소자 및 소재를 만들고 있습니다.

남은 건 후각과 미각인데, 이것 역시 친생체 유연 전기화학 FET (Field Effect Transistor) 소자나 유연 전극을 활용한 인공 코, 혹은 인공 혀가 현재 개발 중입니다.

지금까지 외부의 자극이 유입되는 기관 쪽에 주목했다면, 이제 뇌의 반응 명령이 나가는 쪽의 신체 역할도 위임할 수 있는지 살펴보겠습니다. 2020년 4월의 《MIT News》에는 원격으로 자기 나노 파티클을 이용해서 호르몬을 제어할 수 있다는 뉴스가 있었습니다. 또한, 최근 돼지의 대뇌 부위에 전기 및 화학적으로 나노스케일의 호르몬이나 화학물질을 분사해 자극하는 방식도 개발되고 있습니다. 마치 프랑켄슈타인 실험을 연상시키는 이런 연구를 통해서 자기의 어떤 생각을 다른 대상의 '모터스킬(motor skill)'에 심어서 제어할 수 있는 시대가 왔습니다.

이처럼 이제 우리는 오감을 통한 자극의 입력과 그에 대한 반응의 출력을 모두 인공지능에 위임할 수 있는 시대의 도래를 목전에 두고 있습니다.

그리고 여기에서 더 나아가 우리의 기억과 자각을 우리 자신과 분리해 대상화할 수 있을지의 문제도 살펴볼 수 있습니다. 가령 꿈을 영상화하는 시대라는 타이틀로 얘기해볼 수 있는데, 한 8년 전에 일본 연구팀에서 간단한 실험이 있었습니다. 기능적 자기공명영상

(Functional magnetic resonance imaging, fMRI)과 EKG(=ECG : Electrocardiography)를 갖고 간단한 머신러닝을 이용해서 몇 개 영상을 보여주면서 깨웠습니다. 그때 어떤 뇌파 신호가 있는지를 패턴 매칭을 해서 실제로 스토리를 끌어내는 작업이었습니다.

결론부터 말씀드리면 기억하고 자각하고 있는 것들도 외부 fMRI 등의 영상 신호를 통해서 읽어낼 수 있었습니다. 다시 말해서 전송할 수 있다는 것입니다.

그렇다면 영화 〈아바타〉에서 본 것처럼 내 뇌파를 어떤 육체에 전송하면 우리가 굳이 직접 우주여행을 안 하더라도 아바타를 활용해 우주여행을 하는 시대가 올 수 있지 않겠는가 하는 상상도 할 수 있겠습니다. 그러면 그러한 시대를 위해서 뇌파를 담거나 전송할 수 있는 소재와 소자가 필요할 텐데, 개인적으로는 양자 소재나 소자가 적당한 후보군이 아닐까 생각해 보기는 합니다.

한편 다중자아 메타버스 시대도 생각해 볼 수 있겠습니다. 이를테면, 내가 여러 명의 다중자아로 존재하고, 그중에 어느 자아에 어텐션을 줄 것인가만 결정하면 됩니다. 그러면 그게 실제, 실시간으로 사는 나이며, 나머지 나는 내가 살 것 같은 그런 양상으로 계속 살아 있는 것입니다. 그리고 혹시 내가 그 기억을 보고 싶으면 언제든지 볼 수 있는 시대도 상상이 가능합니다. 아울러 그런 시대에는 아바타가 극한 환경에서(예컨대 화성 같은 곳) 관광하려면 소재와 소자 역시 초저압 · 초저온 상태에서 견딜 수 있도록 개발해야 할 것입니다.

이런 점을 감안할 때 미래 소재 후보군은 위성 소재, 전자기파 소재, 광센서, 엣지 컴퓨팅, 클라우드 컴퓨팅 소재, 스마트 렌즈, 안경 소재, 카메라, 라이다, 후각 소재, 생체 전극 및 분사기, 무선 전파 소재 및 소자, 그리고 프로그래머블 메터(programmable matter) 정도로 간추려 볼 수 있겠습니다.

다음으로 소재 공정에 대해서 AI가 도대체 어떻게 도움을 줄 것인지를 논해보겠습니다.

소조(더하기)　　　　조각(빼기)　　　　혼합(섞기)

소재 공학이라는 건 쉽게 말해 다중 스케일 빌딩 블록을 '더하거나', '빼거나', '섞는' 과정입니다. '다중 스케일 빌딩 블록'을 조금 더 단순하게 말씀드리면 '원자나 분자'로 생각하셔도 되겠습니다. 혹은 미세먼지나 마이크론 사이즈의 조각을 상상하셔도 됩니다. 두 개의 스케일 빌딩 블록을 갖고 저희가 소조, 조각, 혼합한다고 보시면 되겠습니다.

요즘 반도체와 배터리 분야에서 공통적으로 사용하고 싶어 하는 기술이 오토믹 레이어 데포지션(automic layer deposition)입니다. 원자층 증착기가 되겠는데, 분자를 프리커서(precursor) 형태로 넣어서 붙이고, 그다음에 잉여는 빼고, 다시 다른 원자를 넣어서 반응시키고, 잉여는 또 뺍니다. 이처럼 '소조 ⇨ 조각 ⇨ 소조 ⇨ 조각'의 과정을 반복하면서 원자 레벨로 소재를 붙이는 작업입니다.

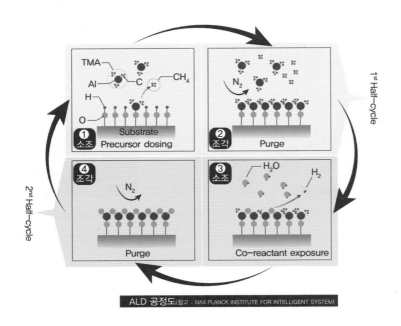

ALD 공정도(참고 : MAX PLANCK INSTITUTE FOR INTELLIGENT SYSTEM)

AI, 세상을 만나다

이런 작업을 보시면 사실 상당히 복잡합니다. 아래 그림을 보시면 메모리를 만들기 위한 공정이 마치 기차역처럼 나열되어 있는데, 그 기차역 중에 하나가 ALD입니다.

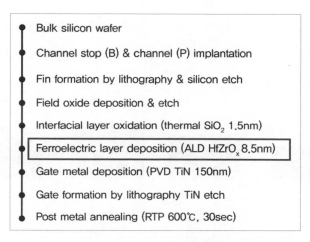

- Bulk silicon wafer
- Channel stop (B) & channel (P) implantation
- Fin formation by lithography & silicon etch
- Field oxide deposition & etch
- Interfacial layer oxidation (thermal SiO_2 1.5nm)
- Ferroelectric layer deposition (ALD $HfZrO_x$ 8.5nm)
- Gate metal deposition (PVD TiN 150nm)
- Gate formation by lithography TiN etch
- Post metal annealing (RTP 600℃, 30sec)

First Demonstration of a Logic-Process Compatible Junctionless Ferroelectric FinFET Synapse for Neuromorphic Applications, 《IEEE Electron Device Letters》 2018, 39권 9호의 내용 발췌

위의 그림에서 파란 박스 부분이 ALD인데, 해당 구조를 만들기 위해서 마치 요리할 때 물 넣고, 끓이고, 조미료 넣고, 데치는 것처럼 하나씩 순서대로 진행합니다.

이것만 보면 머신러닝이나 언어번역기를 연구하신 분들은 마치 문장 설계와 비슷한 느낌을 가지실 수 있습니다. 단어가 어디에 들어가고 어디에서 빼야 하는가를 임베딩 벡터(embedding vector)로 표현할 수 있듯이, 프로세싱도 프로세스 벡터로 표현할 수 있을 것 같습니다.

여기에 인공지능을 활용하면 훨씬 더 글로벌 최적화(optimization)된 공정을 할 수 있지 않을까 생각합니다.

가령 간단한 트랜지스터 제조 공정을 그려보면 다음과 같습니다.

우선 실리콘 단결정 웨이퍼가 들어옵니다. 그 위에 실리콘 옥사이드를 올리고, 다시 나이트라이드(nitride)를 올린 다음 깎습니다. 그리고 여기에다 조미료를 칩니다. 그 후 N-Type 도핑을 하고 메탈을 올리면 요리는 끝이 납니다.

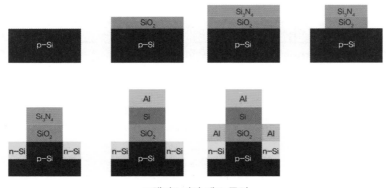

트랜지스터의 제조 공정

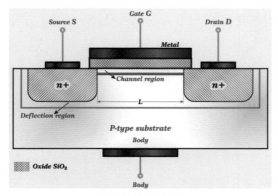

트랜지스터의 구조

AI, 세상을 만나다

이게 바로 펩(fabrication)에서 일어나는 일들이 되겠습니다. 그리고 여기에 만약 지금 자율주행에서 사용되고 있는 유넷이라든지 CNN 베이스 알고리즘을 활용할 수 있지 않을까 생각합니다. 웨이퍼 세정(wafer cleaning), 건조(wafer drying), 장착(wafer loading), 열 산화(thermal oxidation) 과정을 실시간으로 각 스케일마다 영상화해서 모니터링 할 수 있을 것입니다.

또 이 과정을 피드백한 후 모델링해서 최적화할 수 있다면 얼마나 좋을지 구상 중입니다. 좀 더 구체적으로 웨이퍼 세척 공정만 하더라도 먼지가 묻지 않도록 균일하게 물이 덮여 있는 구조로 만들어 주는 초음파 세척 장비를 사용하는 공정 변수들을 프로세스 벡터로 넣어서 학습시켜 보는 것을 생각하고 있습니다.

지금까지는 공정 분야에서 인공지능을 활용하는 걸 말씀드렸다면, 다음으로는 구조가 제대로 만들어졌는지, 또 어떤 구조가 어떤 물성을 갖고 있는지를 확인하기 위한 영상화 쪽에서도 인공지능을 활용해 볼 수 있을 것 같습니다.

펄라이트 구조의 강철(좌)과 마텐자이트 구조의 강철(우)

현미경은 렌즈를 이용해서 맨눈으로 보이지 않는 구조를 보여주는 장비입니다. 그리고 이걸 통해서 저희는 많은 것을 알 수 있습니다. 예를 들어, 사무라이 칼이 왜 강한가를 확인하기 위해서는 마텐자이트(martensite) 조직과 펄라이트 조직의 차이를 실제로 좋은 광학 현미경을 사용해 확인해 보면 알 수 있습니다.

그런데 눈에 보이는 구조와 형상만으로 과학적 진실을 규명하는 건 제한적입니다. 이런 사실을 네이버 지도를 통해서도 알 수 있는데, 예를 들어, 과거에는 대전에서 서울로 갈 때 지도를 보고 거리가 150㎞이니 평균속도 100㎞/h면 한 시간 반 만에 갈 수 있겠다고 예측했습니다. 그런데 요즘은 교통 상황까지 영상화시켜서 다양한 변수를 반영해 더 정확한 도착시각을 알려줍니다. 다시 말해 과거에는 구조만 영상화했다면 현대에는 구조와 물성을 한꺼번에 영상화하는 시대가 온 겁니다.

그리고 이런 영상화 기법에 관련된 데이터가 계속 쏟아져 나오면 그 데이터를 활용해 인공지능을 사용할 때 기존에 일일이 사람이 했던 분석보다 좀 더 빨리 자동화시킬 수 있을 것으로 생각합니다. 아울러 실험뿐만 아니라 모델링, 또는 실제 시뮬레이션을 통해서 하는 일들도 머신러닝과 결합될 수 있지 않을까 싶습니다.

AI, 세상을 만나다

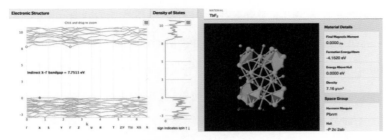

물질의 물성 분석(전기적 구조&강도)(좌)과 물질의 구조(우)
(©materialsproject.org)

위의 오른쪽 그림에서 동그라미는 원자고, 삼각형으로 보이는 건 식별하기 쉽도록 구조를 보여준 것입니다. 그리고 이러한 구조가 어떤 물성을 지니는지에 대해 1:1로 즉각 알 수 있는 플랫폼이 나왔습니다. 그래서 계산 플랫폼을 사용해 봤더니 생각보다 시간이 너무 오래 걸립니다. 사실 이 '제1원리' 계산을 하시는 분들이 머신러닝과 같이 결합해서 엄밀하게 계산하기는 쉽지 않습니다.

그 이유로는 여러 가지가 있습니다. 몇 가지를 들어 보면, 실제로 함수를 뭘 쓰느냐에 따라 정확도가 달라지는 것도 있고, 예측값이 실험에 의해 검증되어야 한다는 문제도 있습니다. 데이터의 질도 중요한 문제입니다.

이에 대한 해결법으로 실험을 통해서 빅데이터를 쏟아내고 있는 유저 퍼실리티(user facilities)의 활용, 또는 공개된 데이터를 장려하는 출판 저널들을 이용하는 방안을 생각해 봅니다. 예컨대, 미(美) 아르곤 국립연구소와 같은 user facility, 혹은 한국의 포항광가속기 등을 들 수 있습니다. 그런 데서 쏟아져 나오는 데이터를 활용해서 트레이닝

데이터셋을 쓰면 더 정확도가 높아지지 않을까 싶습니다.

저희 KAIST에서는 'Materials and Molecular Modeling, Imaging, Informatics and Integration(M3I3)'라는 글로벌 특이점 사업을 하고 있는데, 그 주요 내용은 기존의 데이터로 과연 미래의 방향을 예측하고 설계할 수 있는가에 대한 것이었습니다. 그리고 이때 제시된 것이 두 가지 방식입니다.

하나는 앞서 언급한 구조 영상, 물성 영상 데이터를 쏟아내서 거기에서 '구조-물성' 상관관계를 도출하는 방법, 그리고 다른 하나는 기존 논문을 활용해서 누락된 데이터를 보완한 다음, 완벽한 데이터셋에 기반한 모델을 수립해 여기에 차세대 데이터를 입력하는 방식입니다. 그런데 차세대 데이터는 양이 적으니까 거기에 트랜스퍼 러닝을 이용해서 붙여 나가며 부족한 스몰(small) 데이터셋을 채우는 방법을 제안했습니다.

일례로 NCM 양극재에 관련된 사례를 들어보겠습니다. 학생 55명과 함께 1천 개 이상의 논문을 읽어서 실제로 엑셀 시트를 만든 다음에 비어 있는 데이터를 여러 가지 모델로 채워서 실험적으로 검증했던 케이스입니다. 지금은 NLP를 활용하고 또 크롤링을 이용해서 한 4만 개 논문을 자동 분류해 원자의 물성과 조성 및 공정 간의 상관관계를 보고 있습니다.

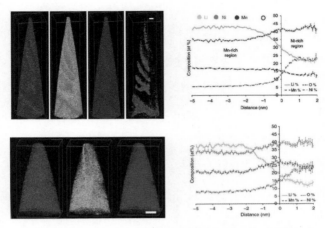

Compared atom map and concentration profile of pristine (top)
and cycle (bottom) cathode material

위의 그림을 보면 연필심 모양의 부분이 원자 배터리 소재입니다. 그 내부가 어떻게 조성되고 활용되며 물성과 어떤 식으로 연결되는 지를 보여주고 있습니다.

한편 아래 그림은 원자 레벨에서 어떤 형태로 원자들이 포진하고 있었을 때 리튬이 가장 잘 들어오고 나가는지를 보여줍니다.

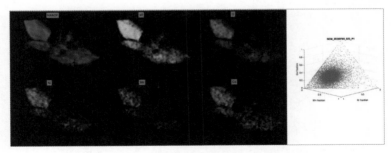

NCM 양극소재의 3차원 STEM-EDX 토모그래피 영상
(출처: ACS Nano 15, 3971-3995 (2021))

굉장히 작은 입자 수준에서 리튬이 채워지고 나갔을 때 격차가 어떻게 차이나고 물성이 어떻게 바뀌는지에 대해 실험으로 데이터를 내놓으면 머신러닝을 통해서 나온 모델을 가지고 역설계하는 일들이 요즘 저희의 연구 중 하나입니다. 그래서 인공지능과 신소재가 만나면 저희의 연구에서도 좀 시너지가 나오지 않을까 생각하고 있습니다.

저희가 제안하는 M3I3 플랫폼은 비단 차세대 배터리 소재뿐만 아니라 메모리, 자동차, 식품, 화장품 및 우주소재에도 적용시킬 수 있을 것이라는 비전을 갖고 있습니다.

신소재공학은 최소의 경제적 · 환경적 비용을 들여 뛰어난 물성과 수명을 갖는 소재의 설계도 및 공정 레시피를 개발하는 학문이기 때문에 인공지능을 활용해서 더 짧은 기간 내에 우리가 필요한 소재를 디자인하고 개발할 수 있을 것으로 기대합니다. 또 이렇게 개발된 소재 중에는 인공지능의 성능과 수명을 혁신시킬 수 있는 소재도 포함되어 있어서 소재와 인공지능이 서로 협력해 더 큰 시너지를 이끌어낼 것으로 기대합니다.

—홍승범(KAIST 신소재공학과 교수)

AI, 세상을 만나다

AI, 그리고 감각의 확장과
증강휴먼의 시대

● 인간 능력을 증강시키는 AI

저는 가상 증강 현실을 연구해왔습니다. 제가 하는 연구는 주로 현실 세상과 가상을 어떻게 연결시켜서 현실에서 일어나고 있는 일들을 모니터링하거나 가상으로 시뮬레이션하며, 그 결과물들을 다시 현실 공간으로 가져와서 활용하게 만드는 방법에 관한 것입니다. 지능이 있는 공간에서 일어나는 일을 모니터링하고 가상에서 해석해서 현실로 가져와 증강시키는 다양한 '증강의 이슈'들을 다뤄왔습니다.

그런데 최근에는 현실공간만 증강시킬 게 아니라 사람의 능력을 증강시키는 용도로도 증강 현실이 쓰일 수 있지 않을까 싶어서 증강 휴먼 분야에도 관심을 갖고 연구를 수행하고 있습니다.

현실을 증강시키는 기술을 사람의 능력을 증강시키는 기술로 활용하자는 측면에서 보면 AI를 어떻게 사람이 활용하게 만들어야 될 건가에 대한 이야기로 흘러갈 수밖에 없습니다.

사람의 능력을 확장시킨다는 게 뭘까요?

첫째, 몸의 확장입니다. 우리는 몸이 있기 때문에 몸으로 하는 일들을 더 잘할 수 있게 도와주는 걸 하드웨어적으로나 소프트웨어적으로 보조해줄 수 있습니다. 일본의 연구자들이 주로 하드웨어적으로 사람의 신체 능력을 확장하는 방법을 이야기하는 반면, 저는 주로 소프트웨어적으로 신체 능력을 확장하는 방법을 이야기합니다. 소프트웨어적으로는 우리 팔도 늘릴 수 있고, 지금 이 공간을 축소할 수도 있으며, 다양한 방법으로 우리 몸이 하는 일들을 가상 증강 현실이 대신해 줄 수 있는 여러 가지 이슈들이 있습니다.

둘째, 브레인의 확장입니다. 이쪽 영역은 저도 사실 잘 모르는 분야이지만, 오늘 화두를 좀 던지는 차원에서 이야기를 해 보고 싶습니다.

셋째, 사회관계의 확장입니다. 유발 하라리가 이야기하는 것처럼 사람의 능력은 사회적인 관계 맺기를 통해서 확장됩니다. 떨어져 있는 사람들을 내가 있는 공간으로 데려와서 어떻게 연결시키고 소통하며 협력하게 만드는가? 이런 이슈들이 요즘 원격 협업이라는 이름으로 활발하게 연구되고 있습니다.

● 미디어의 진화

오늘은 다른 무엇보다 위의 두 번째, 브레인의 능력을 확장하는 방법으로서 인공지능을 어떻게 활용하면 좋을지 화두를 던지는 차원

AI, 세상을 만나다

에서 이야기를 좀 해볼까 합니다.

제가 왜 이런 쪽에서의 가능성을 이야기할까요?

우리가 흔히 쓰고 있는 퍼스널 미디어들이 있습니다. 이 미디어들은 전산하시는 분들은 너무나 잘 알겠지만, 성능은 굉장히 좋아지고, 가격은 싸지고, 무게는 가벼워지고, 크기는 작아지고, 지능은 높아지고, 인터페이스는 더 친숙해졌습니다.

그야말로 미디어 기기의 천국 시대라고 해도 무방할 것 같습니다.

└1960s   └1970s   └1980s   └1990s   └2000s   └2010s └2015

컴퓨터의 진화

컴퓨터를 쓰기 위해 특정한 빌딩을 찾아가던 시절부터 시작해서 지금은 포켓에서 꺼내면 쓸 수 있는 컴퓨터가 됐고, 그다음은 도대체 어떻게 될까요? 세상은 현실과 디지털이 분리돼 있던 시절로부터 시작해, 한때는 우리가 컴퓨터 속으로 들어가서 여러 경험을 하는 것에 관해 고민하던 시기가 있었습니다. 지금은 안경용 디바이스를 통해서 컴퓨터가 우리의 현실 공간으로 나오는 시대로 점점 향하는 중입니다. 하지만 이것이 궁극적으로 발전의 종착지는 아닐 테고, 새로운 형태로 계속해서 발전해 나간다고 본다면, 도대체 그다음은 뭔지에 대해 여러 사람들이 이야기를 하고 있습니다.

그래서 PC에서부터 네트워크 PC, 모바일로 진화해 오는 과정들이 거의 한 10년 단위로 패러다임을 바꾸어 왔다면, 우리가 지금 맞이하고 있는 2020년대에는 또 어떤 형태의 컴퓨팅 플랫폼들이 우리와 같이 갈 건가 하는 관점에서 볼 때 다양한 가능성들이 있습니다.

그중에 하나로 착용용 컴퓨터 등을 이야기할 수 있고, 그런 관점에서 가상 증강 현실의 가능성을 사람들이 이야기하게 되는 것 같습니다.

따라서 HCI의 관점에서는, 다시말해 컴퓨터와 사람이 분리돼 있다는 관점에서는 어떻게 인터랙션할 건지, 인터페이스를 어떻게 만들 건지를 고민해왔다면, 앞으로는 인터페이스의 관점도 사람과 컴퓨터가 일체형으로 통합(integration)되는 차원에서 다시 볼 필요가 있습니다.

왜냐하면 우리가 얼굴에 쓰고 있는 안경형 디스플레이를 가지고 디지털 정보에 접근하고 활용하는 시대로 가고 있다면, 달리 말해 이것은 전통적인 인터페이스로는 해결이 안 되는 여러 가지 새로운 문제들을 우리한테 제시하고 있는 것이기 때문입니다.

안경은 우리 얼굴에 붙어 있기 때문에 우리의 생체 반응, 생체 신호들을 측정할 수 있기도 하고, 심지어는 눈동자의 움직임뿐만 아니라 생각에 관한 정보까지 수집할 수 있는 디바이스이기도 합니다. 그렇게 됐을 때 우리가 만들어낼 수 있는 인터페이스는 지금과 상당히 달라질 것입니다.

AI, 세상을 만나다

기존에는 우리가 사는 아날로그 세상과 디지털 공간이 분리되어 있었는데, 이 둘의 통합이 굉장히 가속화되는 이면에는 우리가 IoT라고 하는 센서를 통해 단순히 물리 공간을 감지할 뿐만 아니라 프로세싱하고 해석한 정보를 다른 디바이스와 네트워킹하면서 아날로그 세상을 디지털 공간으로 옮겨 온 과정이 있습니다.

그런데 증강 현실의 관점에서 본다면 이런 구체적인 디바이스(센서가 있는 장치 외에도 우리 일상에서 만나는 모든 객체)들은 모두 디지털 공간과 접속될 수 있는 가능성이 생기게 됩니다. 말하자면 'internet of things'에서 'internet of everythings'로 진화하게 되는 것입니다.

뿐만 아니라 AI도 지금처럼 독립적으로 컴퓨터 속에 있는 인텔리전스가 아니라 사람과 결합된다면 사람의 의사결정을 보조해 주는 인텔리전스, 또는 사람의 인텔리전스를 증강시키는 확장된 지능(augmented intelligence)으로 진화할 수도 있습니다. 그게 진화인지 아닌지는 또 따져 봐야 하겠지만, 그런 용도로도 쓰일 수 있다고 봅니다.

이런 관점에서 지금처럼 우리가 안경을 쓰고 다니면서 컴퓨터로 다양한 정보를 활용하게 되는 시점에서의 인터페이스는 어떻게 돼야 할까요? 그리고 그때 우리의 인터페이스가 스스로 사람들이 원하는 것들을 해결해 줄 수 있는 지능으로서 어떻게 동작할까요? 이런 문제에 대한 관점은 우리가 좀 재미있게 들여다 볼 부분이 아닌가 생각합니다.

제가 하고 있는 연구 관점에서 보면, 가상현실은 90년대에 본격적으로 연구되었고, 당시 소설 《SNOW CRASH》에서는 '확장 가상 세계'를 메타버스로 표현하기도 하였습니다. 2천년대에는 네트워크 VR, 즉 소설 《SNOW CRASH》에 등장하던 메타버스를 구현해 그 안에서 사람들끼리 서로 만나고 협력할 수 있게 하였습니다. 그리고 또 한 15년 정도 지난 지금은 책상에 앉아서 네트워크를 쓰는 게 아니라 모바일폰을 들고 다니면서 쓰는 시절로 와 있습니다. 그리고 현재는 메이저 회사들이 모바일 디바이스가 만들어내는 네트워크 VR의 한계들을 명확하게 인식하고 있기 때문에 메타를 포함해서 많은 회사들이 안경형 디스플레이를 기반으로 하는 상호 연결 등을 이야기하고 있는 중입니다.

이런 변화를 고려할 때 AI는 어떤 역할을 해야 될까요?

AR(Augmented Reality)이라는 용어가 등장한 게 1990년이고, 스마트폰이 등장하면서 본격적으로 우리 생활 속으로 들어오기 시작했습니다.

그런데 첫 번째 아이폰이 나왔을 때는 단순히 GPS나 디지털 나침판을 이용하는 정보 증강을 이야기했다면, 지금은 아주 구체적인 물체를 인식해서 그것을 매개로

마이크로소프트가 2016년에 개발한 홀로렌즈

사람들한테 정보를 제공하는 시대로 와 있습니다. 앞으로는 메타버

AI, 세상을 만나다

스의 진화처럼 안경을 통해 일상에서 다양한 정보를 볼 수 있는 시대로 갈 것입니다.

이런 용도의 안경은 사실 2016년도에 마이크로소프트가 안경용 디스플레이를 소개할 때 처음 등장합니다. 당시 안경용 디스플레이였던 홀로렌즈는 스마트폰에서 아이폰이 분수령이 된 것처럼 안경형 디스플레이의 전과 후를 나누는 분기점이 됩니다. 홀로렌즈 이전에는 우리가 가상현실, 증강현실을 체험하려면 선을 가지고 PC에 연결해야만 됐는데, 홀로렌즈는 선 없이 안경 그 자체에 모든 프로세싱을 다 해서 우리가 스피치 인터페이스를 통해 대화하면서 정보를 가져오게 하고, 간단한 일들도 시킬 수 있는 시대에 들어서게 만들었습니다.

이후에 두 번째 등장한 안경용 디스플레이가 '홀로렌즈2.0'입니다. '홀로렌즈1.0'이 PC에서 선을 자르고 안경 자체만으로 모든 계산을 한다면, 2.0은 주변에 있는 컴퓨팅 자원을 쓸 수 있습니다. 엣지나 클라우드와 연동해서 증강 현실을 체험할 수 있게 된 것입니다. 따라서 복잡한 계산은 주변 장치에 맡길 수 있으므로 안경의 무게도 줄일 수 있고, 배터리 수명도 길게 할 수 있으며, 상당히 복잡한 계산의 결과물들도 실시간으로 볼 수 있게 만들어 낸 장점이 있습니다.

뿐만 아니라 퀄컴 같은 회사는 일반 안경의 중량 수준에서 홀로렌즈가 보여줬던 것들을 볼 수 있도록 하는 칩세트를 이미 만들어 내고 있습니다. 작년~재작년 사이에 100g 정도의 가벼운 안경(우리 코가 수용할 수 있는 무게는 대략 50~70g 정도 되는데, 현재 와 있는 수준은 약 100g 전후)

으로 안경형 디스플레이를 개발했습니다. 따라서 앞으로 빠른 시간 안에 안경형 디스플레이를 통해서 일상생활 주변에 있는 엣지나 클라우드를 사용해 디지털 정보를 활용할 수 있는 시대로 가게 될 것입니다. 그리고 그렇게 되면 AI의 활용 정도가 훨씬 더 가깝게 다가올 것입니다. 우리가 스마트폰을 꺼내서 버튼을 누르지 않더라도 안경 쓰고 그냥 일상생활하면서 필요한 정보를 받을 수 있게 되겠습니다.

그런데 이런 것들을 이미 퀄컴에서 굉장히 많이 하고 있으니, 당연히 페이스북도 안 할 리가 없겠죠? 페이스북에서도 이런 안경용 디스플레이를 작년부터 테스트 중이고, 조만간 안경형 디스플레이도 만들어서 시판하겠다고 선언했습니다.

게다가 애플도 안경형 디스플레이 만들어낸다고 하면서 작년부터 애플을 소개하는 캐릭터들이 안경을 쓰고 나오기 시작했고, 조만간 애플에서 만들어내는 MR 글래스가 시판될 예정이기도 합니다.

이런 상황은 곧 우리가 안경을 쓴 채 5G/6G통신망으로 연결된 클라우드를 통해서 주변에 있는 자원들을 동원해 다양한 정보를 활용할 수 있는 시대로 가게 될 것임을 시사합니다.

그러면 그때 AI의 역할은 과연 무엇일까요? 지금처럼 우리가 PC 앞에 앉아서 활용하는 인공지능과 달리, 내가 안경을 쓰고 다니면서 할 수 있는 일은 어떻게 바뀌어야 할지 생각해 봐야 할 시점이 됐다는 것입니다.

AI, 세상을 만나다

● 아바타, 사용자의 디지털 트윈?

이제 이런 안경형 디스플레이를 통해서 우리가 컴퓨팅 자원들을 활용하게 된다면 그냥 단순히 좀 더 계산을 잘하는 걸 넘어서서 다양한 인공지능이 사람과 직접 결합하는 시대로 갈 수 있음을 의미합니다. 따라서 사람의 능력을 확장하는 방법들을 이야기하게 되고, 또 최근에 메타 같은 데서 사람을 공간 이동시킬 수 있는 아바타 이야기를 하게 되는 것입니다.

그러면 거꾸로 이런 아바타를 통해서 내가 있는 이 공간에 다른 사람들도 오게 만들 수 있고, 내가 쓰고 있는 안경을 통해서 아바타가 다른 사람을 볼 수도 있습니다. 내가 가지고 있는 많은 데이터들을 해석해서 다양한 정보들을 서로 활용할 수 있도록 만들어내기 때문에 이 아바타를 매개로 하는 상호 작용(interaction), 사회적 관계(social relationship)에서도 AI가 할 수 있는 역할들이 굉장히 많아진다고 생각합니다.

● 아바타에서 증강인간으로!

이런 안경을 쓰고 다니게 된다면 우리는 여러 가지 일들을 할 수 있을 것입니다. 왜냐하면 안경이 수집하는 데이터에서 만들어 내는 다양한 정보들을 모아서 사용자가 어떤 상태에 있는지 해석할 수 있기 때문입니다.

보통 사람의 '상태'에 대해 어떻게 해석할 수 있는지 심리학자에게 물어보면 크게 네 가지 요소로 분석하는 틀이 있다고 합니다.

사람의 '육체적인 상태', '감정적인 상태', 그 사람이 가지고 있는 '사회적 관계의 상태', 그리고 그 사람이 '돈을 어떻게 쓰는가, 경제적인 가치를 어디에 두고 어떻게 쓰는가' 하는 등의 네 가지 요소를 분석하면 그 사람이 어떤 사람인지를 잘 분석해낼 수 있다고 합니다.

저희들은 그 틀을 가지고 와서 '돈을 쓰는 것'보다는 이 디지털 공간에서 '시간을 어떻게 쓰는지'를 분석한다면 그 사람에 대한 여러 가지 해석을 해 볼 수 있겠다고 생각했습니다. 그래서 우리는 총체적 정량적 자아(holistic quantified self)라는 개념으로 정보를 모으고 그 사람에 대해 해석했습니다. 그러면 아주 명시적으로 명령 같은 것들을 내리지 않더라도 특정인의 '니즈(needs)'가 무엇인지, 묵시적으로 하고 싶어 하는 일들은 뭔지 해석이 가능합니다. 인터페이스 차원에서는 사람들한테 키보드나 마우스를 써서 직접적으로 많은 단계의 명령어를 줄 수 없습니다. 하지만 안경을 쓰고 다니면서 수집되는 다양한 정보를 활용한다면 지금 특정인이 어떤 상태에 있는지 셀프 모니터링을 할 수 있고, 셀프 모니터링한다면 셀프 매니지먼트도 가능해질 것입니다.

그런 용도로도 증강 휴먼이 활용될 수가 있으며, 안경을 쓰고 다니기 때문에 일종의 차량에 붙어 있는 블랙박스 기능을 하기도 할 것입니다. 또 내게 필요한 여러 가지 건강 상태에 대한 모니터링, 혹은 내가 내려야 되는 의사결정을 조금 더 현명하게 내릴 수 있게 도와주거나 자주 까먹는 일들을 필요할 때 적절하게 검색(retrieve)해서 기억을 되살려 주는 등 여러 가지 측면에서 도움 되는 일들을 해줄

AI, 세상을 만나다

수 있겠습니다.

　나아가 사람에 대한 정보 수집은 이런 안경용 디바이스만이 아니라 손목시계로도 할 수 있습니다. 손목시계로 들어오는 시그널, 안경에 모아지는 다양한 시그널들을 총합해서 사람이 하고 있는 일들을 더 개선하는 보조 지능으로 쓸 수도 있습니다. 그리고 이런 기능이 없었다면 할 수 없던 일들을 더 잘할 수 있게 도와주는 정보로도 활용 가능합니다.

　이런 시대가 된다면 우리는 인공지능을 어떻게 활용할 수 있을까요?

　시스템을 디자인할 때도 이런 정보가 활용될 수 있겠지만, 일상생활을 하는 데도 활용될 수 있지 않을까 생각해 봅니다. 특히 증강 현실을 일상에서 활용하도록 만드는 일을 하는 사람들은 안경을 쓰고 물체를 봤을 때, 해당 물체를 매개로 해서 디지털 정보를 검색할 수도 있겠습니다. 나아가 그 물체와 안경 사용자의 니즈를 잘 분석해서 훨씬 더 사용자가 필요로 하는 정보를 잘 필터링해 오도록 요청할 수도 있습니다.

● 증강인간, 무엇을 할 것인가?

　그런데 인공지능을 통해서 사람들의 능력을 확장한다면 과연 이런 지능을 활용하는 사람들은 사는 게 행복할까요? 지금 우리가 가지고 있는 지표나 엔지니어링의 관점으로 알고리즘을 개발할 때, 우리가 가지고 있는 이런 지표가 제대로 된 알고리즘으로 동작할 수 있을까요?

주로 우리가 이야기하는 것들은 1세대에는 '비용효율성(cost-effectiveness)'이나 '효율(efficiency)'이었다가, 2세대는 '유용성(usability)'이었습니다. 거기에 더해 감성도 이야기하고 더불어 사람들한테 필요한 다양한 이야기까지 하게 되는데, 이런 것만 가지고 과연 효과적으로 사람한테 '진짜 도움'이 되는 AI를 만들어 사용할 수 있을까요? 기술 관점에서만 본다면 우리가 현재 가지고 있는 많은 지표들이 과연 사람들한테 도움이 될까 하는 근본적인 질문을 해 볼 수 있다는 것입니다.

가령 일본의 도쿄대 연구자들은 이런 이야기들을 합니다. 우리가 가지고 있는 지표의 관점에서 비용효율적(cost-effective)이지 않더라도 사람한테 도움이 된다면 과감하게 그 솔루션을 채택할 필요가 있다고 말입니다.

그렇다면 조금 효율이 떨어지더라도 사람을 위해서 도움이 된다면 어떻게든 채택하게끔 우리가 알고리즘을 만들 수 있을까요? 인텔리전스 레벨도 조금 낮추는 게 사람한테 더 좋다면 우리는 그 인텔리전스를 어떻게 컨트롤할까요? 불편함이 있다 하더라도 그 불편한 게 사람한테 도움이 된다면 과감하게 불편함을 만들어 낼 것인가요? 알고리즘 그 자체를 사람한테 불편하도록 만들어 내는 걸 우리가 어떻게 할 수 있을까요? 그리고 이런 것들을 고민하지 않으면 어떤 현상이 발생할까요? 아마 사람들은 알고리즘이 내놓는 결과대로 행동하는 아바타처럼 변해갈지도 모르고, 오히려 알고리즘이 사람보다 더 똑똑해지며 현명해지는 세상이 올 수도 있지 않을까요? 그래서 우리가 고민할 거리가 점점 더 많아지는 것 같다

AI, 세상을 만나다

는 생각이 듭니다.

바로 이런 관점에서, 인텔리전스의 효용성 측면에서 여러 가지 연구들을 하던 중 몇 가지 질문을 던지게 되었습니다.

'우리가 정한 손실함수(loss function)의 비용효율성을 열심히 추구해왔는데, 그게 과연 사람들한테 도움이 되는 건가?', '어떻게 해야 사람들의 능력을 확장하는 관점에서 봤을 때 유용한가?', '사람을 대신해서 모든 의사결정을 내려주는 알고리즘, 그게 과연 우리한테 유용한 건가? 아니면 조금 효율이 떨어지더라도, 인텔리전스 레벨이 좀 낮더라도, 조금 멍청한 결정이더라도, 사람한테 도움이 된다면 좀 불편하더라도, 그걸 하도록 사람한테 권장하는 게 더 좋은 게 아닌가?'

그런 관점에서 인텔리전스를 본다면 우리는 인공지능(artificial intelligence)의 개념에 대해 보조지능(assistive intelligence, 사람의 능력을 보조하는 인텔리전스), 또는 사람의 능력을 증강하는 관점에서 새롭게 정립할 필요가 있지 않나 싶습니다.

좀 더 나아간다면 특정 개인을 위해서뿐만 아니라 그 개인이 만나야 하는 여러 사람들(가족, 친구, 커뮤니티 등)을 포함한 전체의 관점에서도 개인의 역량을 확장하는 것과 동시에 그 사회의 역량을 확장하는 방법으로서 AI는 어떻게 해야 할까요?

바로 이 문제를 실제로 구현하는 관점에서 '어떻게 하면 사람한테 진짜 도움이 될 수 있는 인텔리전스를 결합할 건가? 그래서 증강현실이 조금 더 효율적으로 쓰이는 방법은 그런 인텔리전스가 결합될 때가 아닐까' 하는 생각을 하고, 실제로 AI 하시는 분들께서 그렇게 사용할 수 있는 AI를 만들어 주시면 좋지 않을까 하는 부탁을 드려 봅니다.

—**우운택**(KAIST 문화기술대학원 교수)

AI, 세상을 만나다

PART. 2

AI와 사회정책

데이터 편향,
어떻게 극복할까?

● 'AI'와 '공정'

여기 'AI'와 '공정'이란 두 개의 키워드가 있습니다.

AI가 어떤 자연적인 대상, 이를테면 원자나 분자의 구조를 분석하거나 혹은 지형지물을 파악한다면 '공정성'에 대한 논란은 나오지 않을 것입니다. 아무도 기분 나빠하지 않고 누구의 삶에도 감정적 영향을 미치지 않은 채, 오로지 대상을 인식하고 객관적 현상 자체만을 분석한다면 데이터 편향에 대한 논의는 애초부터 없었을 것입니다.

하지만 AI는 인간 생활의 다양한 국면으로 파고들고 있고, 사람의 가치를 인식하며 평가하는 일에까지 개입되었습니다. 이처럼 인간 생활의 가치판단 영역에까지 파고든 AI의 역할 확장 때문에 우리는 데이터 편향 문제에 주목하지 않을 수 없습니다.

공정성을 보장하는 AI 기술을 이야기하고자 하면 대표적으로 두 가지를 들 수 있습니다. 한 가지는 '단순한 기술'이고, 또 하나는 조금 '머리를 쓰는 기술'입니다. 이 글에서는 후자인 '머리를 쓰는 기술'

에 초점을 맞추어 설명드릴 것입니다. 미리 말씀드리자면, '머리를 쓰는 기술'은 '공정'이라는 개념을 수학적인 언어로 바꾸는 과정을 수반하는데, 이에 대해 중점적으로 다루어 보겠습니다.

● 사람을 평가하려 드는 AI, '공정성'은?

우리는 AI가 만연한 시대에 살고 있습니다. 소위 '킬러 앱'이 굉장히 많습니다. 'AI 비서'다, '튜터'다 하는 킬러 앱들이 넘치다 못해 이제는 사람과 관련된 것, 특히 인권에 관련된 애플리케이션까지 많아졌습니다. 대표적으로 채용심사를 들 수 있습니다. 형량 결정, 대출 심사에도 AI를 많이 쓴다고 얘기합니다.

이런 애플리케이션들의 공통점이 뭘까요? 모두 우리를 판단한다는 겁니다. 따라서 공정성이 가장 중요합니다. 가령, 판사를 예로 들어봅시다. 이상한 사람을 판사로 임명하면 큰일 납니다. 그렇기 때문에 공정성이 요구되는 것입니다.

그런데 이제 이런 가치판단을 AI한테까지 맡기려고 하는 세상이 되었습니다. 그러다 보니 판사보다 더 공정한 AI가 필요한 것입니다. 따라서 이에 관한 연구의 수요가 많아졌습니다.

AI의 공정성에 대한 연구가 활발해진 게 대략 2017~2018년부터입니다. 초창기에는 연구 상황이 좋지 않았습니다. 당시 공정성을 보장하는 AI를 만든다고 했지만, 성능이 좋지 않았습니다. 일례로 논란이 된 두 가지 사건을 들어보겠습니다.

● 택배 분류보다 어려운 사람 분류

첫 번째 사건은 아마존에서 일어났습니다.

당시에 아마존은 어떤 회사였을까요? 저는 2017년에 학술조사차 스탠퍼드를 방문했었습니다. 이 대학이 명문이긴 하지만, 당시의 느낌으로 스탠퍼드의 학생들은 공부보다는 돈을 버는 것에 흥미가 있어 보였습니다. 그래서인지 회사에 관심이 많았습니다.

예컨대, 스타트업을 차리거나 대기업에 취업하는 데 관심이 컸습니다. 그래서 큰 회사라면 도대체 어느 회사에 가고 싶냐고 물었습니다. 저는 내심 '구글'이 나올 줄 알았습니다. 그런데 당시 스탠퍼드 학생들이 선망하는 입사 기업 1위는 아마존이었습니다. 왜 그런지는 모르겠지만 그래서 실제로도 아마존에 입사 지원자가 많이 몰렸던 것 같습니다. 이와 맞물려서인지 그 사건이 일어났습니다.

2017~2018년도에 지원자가 많이 몰리다 보니 아마존에서는 한 가지 방법을 꺼내 듭니다. 지원자를 심사(screening)해야 하는데, 사람이 감당하기에는 인원이 너무 과다하다 보니 기계한테 맡긴 겁니다.

기계에 맡겼더니 무슨 일이 발생했을까요? 여성들을 대거 탈락시키는 결과가 나왔다고 합니다. 당연히 여성 과학자들을 비롯한 여성계가 공정하지 못한 판단이라며 크게 반발했습니다.

두 번째 사건은 구글 포토에서 일어났습니다. 구글 포토에 여러 가지 기능이 있는데 그중 하나가 사진 속 물체를 인식하는 것입니다. 그런데 사진에 찍힌 흑인 여성이 구글 포토에서 고릴라로 판단되는 일이 벌어졌습니다. 이 사건으로 구글은 주가가 떨어지고 기업의 이미지 및 기술신뢰도를 의심받을 상황에 처했습니다. 그러자 IBM과 구글을 비롯한 인공지능 관련 업체들은 공정성을 보장하는 AI 기술을 만들고자 돈과 인력을 투자하게 됩니다.

● 데이터 편향성을 제거하기 위한 노력들

이와 같은 경험을 통해 연구된 여러 결과물 중 하나를 소개하고자 합니다.

보통 연구를 잘하는 사람에게는 공통적인 특징이 있습니다. 현상의 원인 파악을 잘한다는 것입니다. 연구자는 도전과제가 무엇인지를 정확히 파악해야 합니다. AI의 공정성에 대한 연구에서도 연구자들은 공정성 논란이 일어나는 이유를 파악하는 데에 집중했습니다. 그리고 해당 과제의 원인을 밝혀냈습니다.

AI는 데이터로 만들어집니다. 따라서 AI의 성능을 좌우하는 건 데이터입니다. 공정한 AI를 만들려면 어떻게 해야 될까요? 당연히 공정한 데이터가 필요합니다.

그런데 데이터는 사람이 생산합니다. 사람 중에는 공정한 사람도 있지만 공정하지 않은 사람도 있습니다. 따라서 공정성이 보장되지 않는 데이터(그런 데이터를 보통 '편향성이 있는 데이터'라고 얘기합니다.)가 인공지능에 사용되면 공정하지 않은 결과가 나옵니다.

바로 이 점이 원인인 것을 사람들은 쉽게 파악했습니다. 그리고 문제를 개선하기 위해 많은 노력을 했습니다.

그 노력으로 나온 구체적 방법 두 가지를 소개해 드리겠습니다.

첫째, 단순한 방법

첫째는 '단순한 방법'입니다.

앞서 원인은 데이터이고, 편향된 데이터로 AI를 만든 게 잘못이라 했습니다. 따라서 처음부터 편향성이 제거된 데이터를 수집하려는 노력이 있었습니다.

그런데 이런 시도에 한 가지 심각한 문제가 있습니다. 데이터를 사람이 만든다고 했는데, 사람마다 공정에 대한 개념은 다르다는 것입니다. 따라서 의견이 분분할 수밖에 없고 이럴 때에는 누군가가 의견을 수렴해줘야 합니다.

데이터 역시 마찬가지입니다. 앞서 '의견'을 데이터로 비유했을 때, 데이터를 많이 모아서 수렴하는 과정이 필요합니다. 소위 '빅데이터'를 활용해서 공론화된 공정성 기준을 도출하기 위한 노력이라고 할 수 있습니다. 따라서 여러 나라, 여러 민족의 사람들을 대상으로 데이터를 많이 모으려는 노력을 했습니다.

그 노력의 일환으로 다음과 같은 연구가 등장했습니다. 하버드,

MIT 등 유수 대학의 연구진들이 '모럴머신(Moral Machine)'이라는 빅데이터 수집 플랫폼을 만들었습니다. 정의로운 데이터, 공정성을 보장하는 데이터를 만들어야겠다는 취지가 담긴 이름입니다. 이때 데이터 수집 규모는 233개국의 230만 명 대상이었습니다. 이와 같이 수집된 빅데이터를 통해 소위 공론화된 공정성을 도출하자는 노력이 이루어집니다.

이것이 왜 단순한 방법일까요? 이유는 다음과 같습니다.

첫째 이유로, 빅데이터를 수집하려면 '수집' 자체가 어렵습니다. 어느 정도로 어려운지는 소요된 시간과 인력으로 알 수 있습니다. 모럴머신의 데이터를 수집할 때 18개월이 걸렸습니다. 게다가 230만 명의 인력이 동원됐습니다. 많은 사람을 쓰면 당연히 많은 돈이 들어갑니다. 어렵고 제약 조건이 많을 수밖에 없습니다.

둘째 이유로, 많은 비용과 인력을 투입해 데이터를 모았어도 수집된 데이터가 만족스럽지 않을 수 있습니다. 여전히 데이터의 편향성이 존재할 가능성이 큽니다. 데이터도 사람이 수집하기에 그 과정에서 편향성이 들어갈 수 있습니다. 보통 데이터를 모을 때 편향성이 있는 샘플링 바이러스가 들어가면 아무리 빅데이터를 모은다고 해도 특정 집단의 지엽적인 의견이 반영될 수 있습니다. 이 편향성을 제거하기가 쉽지 않습니다.

둘째, 고도화된 공정성 보장 방법

이러한 한계점을 해결하기 위해 사람들이 고안한 두 번째 타개책

AI, 세상을 만나다

이 있습니다. 소위 '고도화된 공정성 보장 방법'입니다.

원리는 다음과 같습니다.

이 방법은 '데이터의 편향성'이 있다는 사실 자체를 받아들입니다. 대신에 공정성을 보장하기 위해 인위적으로 알고리즘을 활용합니다. 알고리즘으로 공정성의 개념을 투입시키는 방법으로 최근의 AI 공정성 연구 분야에서 대세이기도 합니다. 그래서 많은 사람들이 이 방법으로 연구하고 있습니다.

● 알고리즘 공정성

이 방법론에 대해 좀 더 구체적으로 설명드리겠습니다. 학술적 명칭으로는 알고리즘 공정성이라 합니다. 영어로는 'algorithmic fairness'라고도 하죠. 이 방법론의 특징은 공정성의 개념을 수학적인 언어로 바꾸는 과정이 포함돼 있다는 점입니다. 그리고 이 과정을 바탕으로 AI를 설계합니다.

예컨대, 앞서 아마존 채용심사를 말씀드렸습니다.

아마존에서 채용심사 AI란 대략 이런 겁니다. 데이터 입력으로 지원자의 이력서를 받습니다. 이력서에는 지원자의 정보가 있을 겁니다. 그 정보를 보고 이 사람이 붙을 사람인지 아닌지 판단하는 겁니다. 이 정보의 종류는 두 가지로 분류됩니다.

첫째는 객관적인 정보입니다.

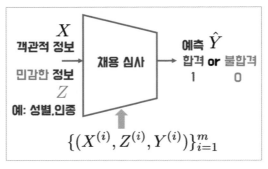

$$\{(X^{(i)}, Z^{(i)}, Y^{(i)})\}_{i=1}^{m}$$

채용 심사의 사례

위의 그림에서 X는 객관적 정보에 해당합니다. '출신 학교', 그리고 '대학교 때 성적(GP: Grade Point)'과 같은 정보입니다. 영어 성적이나 자격증 등 객관적으로 수치화시킬 수 있는 모든 정보를 포함합니다.

둘째는 공정성에 관련된 민감한 정보입니다.

채용심사는 공정해야 하므로 이에 관련된 민감한 정보가 있을 수 있습니다. 이를테면 성별이나 인종, 종교 등은 사람에 따라 굉장히 민감하게 반응할 수 있습니다. 영어로는 'SA(Sensitive Attribute)'라고 합니다. 법률적인 분야에 종사하는 사람들은 'PC(Protective Characteristic)'라고도 합니다. 민감한 정보와 공정성은 큰 관련이 있기에 위와 같이 정보를 구분짓기도 합니다. AI는 이런 정보를 보고 예측을 하는데, 가령 합격이면 '1', 불합격이면 '0'으로 예측할 수 있습니다.

앞서 AI는 데이터로 만든다고 했습니다. 여기서 데이터란 '입력, 출

AI, 세상을 만나다

력'의 예시를 뜻합니다. 특히 출력을 '레이블(label)'이라고 합니다. 이런 데이터를 가지고 AI를 만드는 과정에서 공정성의 개념을 수학적인 언어로 바꾸는 과정이 필요합니다. 이 과정을 좀 구체적으로 설명드리겠습니다.

일단 민감한 정보에 초점을 둬야 합니다. 민감한 정보를 'Z'라 하고, 예측된 값은 'Ŷ'(1아니면 0)라 하겠습니다. 여기에 공정성에 대한 개념이 개입됩니다. 법률적으로는 공정성의 개념이 상당히 다양하게 정의됩니다. 하지만 간단한 한 가지 개념만 소개드리겠습니다.

대표적인 공정성 개념

'데모그래픽 패리티(demographic parity)', 즉 그룹 간의 평등입니다. 이때 그룹이란 가령 '남성 그룹', 혹은 '여성 그룹'을 뜻합니다. 여기서 평등이란 무엇일까요? 바로 예측값에 대한 평등을 의미합니다. 앞서 채용심사에서 남성이든 여성이든 합격률이 같아야 한다는 것을 평등이라 볼 수도 있습니다. 이 경우 평등이란 민감한 정보인 'Z'와 예측값인 'Ŷ'가 서로 상관이 없음을 뜻합니다.

인공지능에 이 공정성을 반영하려면 수학적인 언어가 필요합니다. '상관없다'라는 단어를 수학적인 언어로 바꿔주면 '독립'이 됩니다. 독립이란 특정 변수가 있건 없건 확률 분포가 같아야 한다는 것입니다. 이게 바로 그룹 간 평등의 개념입니다.

그런데 '독립'을 수학적인 언어로 바꾸는 과정에서 한 가지가 더 필요합니다.

독립의 정도를 수치화하는 것인데, 한 가지 방법은 다음과 같습니다.

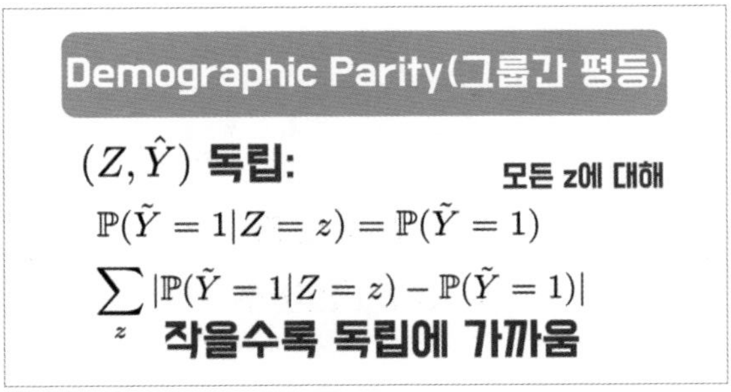

Demographic Parity(그룹간 평등)

$(Z, \hat{Y})$ **독립:**　　　　　　**모든 z에 대해**

$$\mathbb{P}(\tilde{Y} = 1 | Z = z) = \mathbb{P}(\tilde{Y} = 1)$$

$$\sum_z |\mathbb{P}(\tilde{Y} = 1 | Z = z) - \mathbb{P}(\tilde{Y} = 1)|$$

작을수록 독립에 가까움

독립의 정도 수치화 과정

위의 그림에서 좌변과 우변의 두 확률이 같은 때 독립입니다. 같은 게 평등한 겁니다. 이때 좌변의 확률에서 우변의 확률을 뺀 다음 절 댓값을 취합니다. 그리고 이를 모든 Z에 대해 더해줍니다. 그 결과가 작을수록 평등에 가까워집니다. 반대로 결괏값이 크면 클수록 공정하지 않다고 해석할 수 있습니다.

이렇게 수학적인 언어로 바꾸는 과정이 바로 연구자들이 공정성을

　　　　　　　AI, 세상을 만나다

확보하는 방법입니다.

이런 과정을 통해서 AI를 만드는데, 다음 두 가지에 크게 주목합니다.

하나는 공정성에 관련된 문제입니다. 요컨대, 앞서 조건부확률(좌변)에서 비조건부확률(우변)을 뺀 후 절댓값을 취한 다음 모든 Z를 더한 값이 작아지도록 설계합니다. 그런데 이 채용심사 AI의 원래 목적이 뭐였습니까? 본래의 목적은 '잘 예측하는 것'입니다. '잘 예측한다'는 건 예측값과 사람이 준 정답이 비슷해야 함을 전제합니다. 따라서 예측 정확성도 동시에 고려하여 AI를 설계합니다.

● 정의의 AI 여신에게
어떤 공정성의 저울을 부여할 것인가?

AI를 연구하는 과정에서 불가피하게 법까지 공부하게 되었습니다. 법을 공부하는 과정에서 '공정성'에 대한 저의 편향된 지식도 깨달았습니다. 법에서 정의한 많은 공정성의 개념 중 제가 주목한 것은 DP(Demographic Parity)뿐이었습니다. 하지만 이 DP 자체에 공정하지 않은 부분도 많습니다.

예를 들어, 채용심사 데이터를 보겠습니다. 남성의 합격률과 여성의 합격률 데이터가 애초부터 다른 경우가 발생 가능합니다. 그런데 그룹 간 평등의 차원에서 인구통계적 동등성(demographic parity)을 맞추려다 보면 남녀 합격률이 동일해질 수 있습니다. 그러면 원래 데이터하고 다르게 설계되는 것입니다. 즉 공정성을 보장하기 위해서는 예측의 정확도가 떨어지는 문제가 발생할 수 있습니다.

따라서 공정하면서도 예측의 정확도를 높일 수 있는 공정성의 개념이 있는지를 고민해 보아야 합니다.

두 번째는 공정성을 수치화하는 과정에 관한 것입니다.

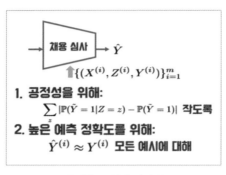

공정한 AI 설계 방법론

앞서 수치화하는 과정, 약간은 '꼼수'처럼 느껴질 수 있습니다. 조건부확률에서 비조건부확률을 빼고 절댓값을 취한 것 말입니다.

누군가는 이런 방법이 적절한지 궁금할지도 모르겠습니다. 주관에 따른 판단의 차이가 존재하여 논란의 여지가 있는 부분입니다. 따라서 이 숫자가 어느 정도 값 이하일 때 공정하다고 판단할 수 있는지 그에 대한 임계치(threshold)를 잘 정해줘야 할 것입니다.

우리는 공정한 AI가 필요한 사회로 달려가고 있습니다. 공정한 AI는 인간과 밀접한 관련이 있는 중요한 기술이기에 많은 연구가 이루

AI, 세상을 만나다

어져야 합니다. 동시에 여러 사회적인 문제를 야기할 수 있기에, 이에 대한 고민도 필요합니다. 과학자, 공학자들만의 연구대상이 아닌, 다양한 분야의 전문가들과 협업이 필요한 학제 간 연구이기에 많은 고민과 토론이 수반되어야 할 것입니다.

−서창호(KAIST 전기및전자공학부 교수)

절차·분배의 공정성,
AI의 두 마리 토끼 사냥

● AI, 우리 사회의 'Equalizer'가 될 수 있을까?

아래의 그림들 보신 적 있으신가요?

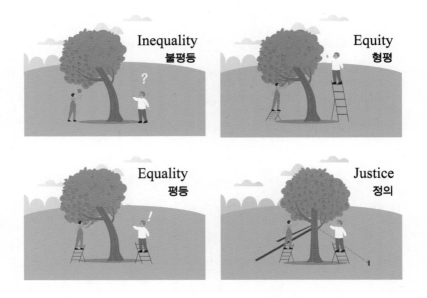

'불평등(inequality)', '형평성(equity)', '평등(equality)', '정의(justice)' 등 조금
씩 비슷하지만 서로 다른 개념을 어떻게 설명할 수 있는지를 요약적

으로 보여주는 그림입니다.

기본적으로 우리 사회 시스템에는 불평등이 늘 존재합니다. 어떤 사람은 사과가 많이 달린 나무 쪽에 서 있고 어떤 사람은 그렇지 못합니다. 따라서 한쪽 사람들에게 떨어지는 사과가 좀 더 많고 반대편 사람들에게는 떨어지는 사과가 별로 없습니다. 이때는 이런 불공평한 상황을 개선해야 합니다.

개선하는 첫 번째 방법으로 똑같은 도구와 도움을 '평등'하게 주면 문제를 해결할 수 있지 않을까 하는 사고에 기반한 접근법이 있습니다. 어떻게 보면 굉장히 능력주의(meritocracy)적 접근이기도 합니다.

그런데 똑같은 도구를 주면 불평등이 해소되고 모두가 똑같은 사과를 받을 수 있을 것 같지만 사실은 해결되기가 어렵습니다. 누구나 똑같이 노력하고, 똑같은 학교 교육 과정을 이수하면, 똑같은 수준의 소득을 가질 것인가를 생각해 볼 때, 그렇지는 않습니다.

'blinded fairness', 혹은 'blinded evaluation'이란 말도 있지만, 이 접근이 가지는 한계점과 관련하여 예전에 본 신문 기사가 떠오릅니다. 사는 지역에 전혀 상관없이 서울대, 연세대, 고려대에서 학생들을 뽑았는데, 55%가 경제적으로 상위 10분위에 해당하는 사람들의 자녀였다는 것입니다.

또 한 가지 사례는 일전에 모 신문사의 인사담당자로부터 들은 내용입니다. 요컨대, 학벌에 따른 차별을 없애기 위해 기자 지원서에서 학벌란을 없앴습니다. 그런데 학벌에 대한 정보 없이 기자를 뽑았는데도 입사한 초임 기자 중에 서울대가 60~70%를 차지했더라는 일화였습니다.

결론적으로 똑같은 기회를 주는 것만으로 사회에 존재하는 불평등 문제를 모두 해결할 수는 없습니다.

불평등을 해소하기 위한 또 다른 접근으로 '형평성'을 강조하는 방법이 있습니다. 각각의 사람들이 처한 위치에 따라서 필요한 도움을 주는 겁니다. 가장 유명한 사례로는 대학 입학에서 시행하는 정책이 있습니다. 한국 대학에서 운영하고 있는 '농어촌 전형'처럼 교육의 기회를 충분히 받지 못한 사람들에게 더 나은 교육을 받을 수 있는 기회를 주는 전형을 따로 만드는 것입니다. 미국의 경우는 '소수인종 우대정책(affirmative action)*'이 있습니다. 인종, 특히 과소 대표 소수자(under represented minority)에 해당하는 흑인이나 히스패닉, 아니면 가족 중 첫 대학입학자(first generation)인 자녀들에게 조금 더 대학입학의 기회를 많이 주는 방안들이 형평성을 구체적으로 실현하는 정책의 사례가 될 것입니다.

마지막으로는 사회를 공정하게 만드는 방법이 있습니다. 그야말로 '사회적 정의(justice)'를 실현하는 것입니다. 위의 그림에서 사과나무를 조금 더 오른쪽으로 기울여서 모든 사람이 시스템에서 생겨나는 이익이나 성과를 동등하게 배분해 나누어 갈 수 있는 제도적 정의에 기초한 접근이라고 볼 수 있겠습니다.

이제 이러한 분류법에 기반하여 AI가 만들고 있는 사회적 변화들

---

* 미국에서 주립대 입학이나 공무원 채용 시 인종이나 소수계를 우대하도록 한 소수 계층 우대 정책

이 각각의 접근법에서 봤을 때 우리 사회에 도움을 주고 있는지, 혹은 도움을 주지 못하는지를 '절차 공정성'과 '분배 공정성'에 초점을 맞추어 설명해 보겠습니다.

일단 우리 사회가 불평등하다는 점에서는 대부분의 사람들이 동의하리라 생각합니다. 간략한 통계만 보아도 알 수 있는 사실입니다. 2017년 기준으로 한국의 경우 상위 1%가 근로 소득의 7.5%를 차지하고 상위 10%가 32%, 그리고 점점 소득의 집중 정도가 낮아집니다. 근로 소득과 자산 소득을 합치면 이 차이는 더 늘어나는 것으로 나타나고, 부동산 소득의 경우에는 상위 10%가 68%의 부동산 소득을 독점하고 있습니다.

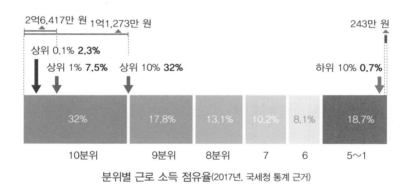

분위별 근로 소득 점유율(2017년, 국세청 통계 근거)

이자 소득이나 배당 소득 등 금융 소득의 경우에도 상위 1%의 사람들에게 집중도가 굉장히 심한 것으로 나타납니다. 특히 이런 경향은 COVID 시대에 점점 심해지고 있습니다. 아시다시피 COVID 상

AI, 세상을 만나다

황에서는 자영업자들이나 육체적인 노동을 하는 사람들이 일자리를 잃는 경우가 많습니다. 그에 비해서 재택근무를 할 수 있는 고소득 화이트칼라 직종의 경우에는 직장을 잃을 확률이 낮기 때문에 소득 격차는 점점 더 커지는 것으로 나타나고 있습니다. 이것은 비단 우리나라만의 상황은 아니고 전 세계적으로 공통적입니다.

● 인공지능, 사회 불평등의 해결자인가?

그러면 이런 불평등한 상황에서, 그리고 시스템이 이미 불평등해져 있다는 가정하에서 인공지능이 어떻게 이 사회의 불평등한 구조를 더 강화시키고 있는지, 아니면 완화하고 있는지를 인공지능이 불러오고 있는 사회적 변화를 하나씩 살펴보며 분석하도록 하겠습니다. 구체적으로, 인공지능 기술이 '평등' 혹은 '형평성'으로 대표되는 절차 공정성이 확보되는 데에 도움을 주고 있는지, 그리고 '정의'로 대표되는 분배 공정성이 확보되어 가는 데에 도움을 주고 있는지를 알아보고자 합니다.

인공지능에 대해 아주 간단하게 정의해 보면, '컴퓨터나 로봇이 자율적으로 지능적인 작업을 수행할 수 있는 능력' 정도로 규정할 수 있습니다. 이 정의에 입각해 인공지능이 우리에게 어떤 동등한 기회, 동등한 툴을 제공하고 있는가를 한번 이야기해 보겠습니다.

우선 기존의 인공지능을 빼고 생각해 봤을 때, 앞서의 평등(equality) 철학에 기반한 기존 정책 사례 같은 경우에는 의무교육, 즉 모든 사람이 몇 년 동안 똑같은 교육 절차를 밟아서 똑같은 지적 수준을 갖취야 한다는 형식의 '의무교육제도'로 구체화되어 있습니다. 아니면 사람들이 모두 동등한 노력을 하면 저마다 동등한 기회를 가질 수 있으며, 그 기회에 따른 결과는 불평등하더라도 어쩔 수 없는 결과라고 생각하는 '능력주의(meritocracy)'가 이 철학과 연관이 있을 것 같습니다.

그러면 우리 생활에 가장 깊숙이 들어와 있는 우버나 에어비앤비, 태스크래빗, 배달의민족 등과 같은 AI 기반의 앱 공유경제가 기존 사회의 평등 철학에 기반해서 봤을 때 사회를 어떻게 바꾸고 있는지를 먼저 살펴보겠습니다.

최근에 《공유경제는 공유하지 않는다》라는 책을 인상깊게 읽었습니다. 이 책에 초점을 맞춰 다루고 있는 가장 중요한 내용은 우선 누구나 동등하게 앱을 사용해서 경제 활동을 할 수 있는 기회가 생겼다는 사실입니다.

절차 공정성	분배 공정성
누구나 동등하게 앱 서비스 사용 가능	노동자 신분에서 독립계약자 신분으로
누구나 동일한 앱 서비스를 제공받음	업무 중 사고, 성희롱, 범죄 등에 노출될 가능성
일한 만큼 버는 구조	앱 종류에 따라 서로 다른 사회적 낙인
앱을 사용하는 데 기술적 장애 (연령/계층)	누가 서비스를 제공하고 누가 서비스를 받는가?

앱 기반 공유경제가 사람을 착취하기만 하는 구조였다면 당연히 폭발적인 인기를 끌 수 없었을 겁니다. 해당 앱들이 인기를 얻게 된

AI, 세상을 만나다

이유는 누구나 똑같이 쉽게 앱을 깔아서 이용할 수 있고, 동일한 앱을 깔았을 경우에 그 일을 할 노동시장의 기회가 누구에게나 동등하게 생길 수 있다는 점에 있습니다. 그리고 일한 만큼 어느 수준의 경제적 소득을 벌어나갈 수 있는 구조라는 측면에서 어떤 절차적 공정성은 확보하고 있는 것 같다고 판단됩니다.

물론 여기에도 절차적 공정성에 위배되는 부분이 전혀 없는 것은 아닙니다. 먼저 앱을 사용하는 데 기술적인 장애가 있을 수 있습니다. 앱을 깔아서 택시를 부르거나 음식을 주문하거나 하는 게 연령이나 계층에 따라서 어떤 사람들에겐 너무 쉽지만 어떤 사람들에겐 쉽지 않을 것입니다. 통계를 살펴봐도 취약계층의 경우에는 앱 기반 공유경제를 사용하는 확률이 훨씬 낮습니다. 특히 흑인 같은 경우에는 미국에서 앱 기반 공유경제 서비스를 제공하는 퍼센트가 훨씬 높고, 반면 서비스를 제공받는 경우는 다른 계층에 비해 훨씬 낮습니다.

위와 같은 사실은 절차 공정성의 측면에서 드러나는 불평등입니다. 여기서 한 걸음 더 나아가, 그렇다면 '절차 공정성을 지켜서 앱 기반 공유경제를 사용했을 때 그에 따른 소득이 공정하게 사람들에게 분배되는가'의 측면을 살펴보고자 합니다. 이 측면에서도 역시 공정성에 위배되는 점들이 많이 있습니다.

우선 앱 기반 공유경제에서는 해당 근로자들이 기업에 고용되어 있는 노동자 신분이 아니라 독립계약자 신분으로 바뀌는데, 이런 경우에는 기업이 기존에 가지고 있던 노동자를 보호해 줄 수 있는 법적 효력들이 많이 사라지는 데에서 문제가 발생합니다. 업무 중에 사고가 나도 도움을 받지 못할 확률이 높으며, 성희롱이나 성폭력에 노출될 확률도 훨씬 높습니다. 또 범죄에 노출돼 마약을 배달하라고 시킨다거나, 아니면 범죄자가 우버에 탈 경우 문제적 상황을 인지한다고 해도 이를 거부할 수 있는 권리가 우버 노동자에게 없다는 사례가 상당히 빈번하게 생겨납니다.

아울러 어떤 앱을 사용해 공유경제를 하느냐에 따라서도 사회적 낙인이 생길 수 있습니다. 가령 어떤 사람이 에어비앤비에서 숙박업을 하고 있다면 그 사람은 집이 여러 개여서 하나쯤은 다른 사람들한테 빌려주고 있다고 생각돼 굉장히 좋은 이미지를 갖게 될지 모릅니다. 반면 어떤 사람은 자신이 우버에서 운전을 하고 있다는 걸 사람들에게 알리지 말아 달라고 얘기하는 사례도 있습니다. 이처럼 어떤 앱을 통해 공유경제에서 활동하느냐에 따라 서로 다른 사회적 낙인이 생기고, 이에 따라 사회적 불평등을 경험하는 경우가 많다고 합니다.

그리고 서비스를 제공받는 측면에서도 사회적으로 소득 수준이 높은 계층의 경우에는 공유경제를 이용해서 더 싼 가격으로 서비스를 받기가 쉬워졌지만 서비스하는 사람의 입장에서는 훨씬 낮은 가격으로 더 오랜 시간 노동해야 하는 경우가 생깁니다. 게다가 위에서 언급한 바와 같이 노동자 신분으로 법적인 도움을 받을 수 있는 확률도 많이 낮아지는 문제가 생겼습니다.

AI, 세상을 만나다

● 인공지능에 가려진 '보이지 않는 노동력'

노동 측면에서 AI가 가져온 다른 한 가지 변화가 더 있습니다. 바로 'AI 트레이닝'을 위한 노동의 측면입니다. 케이트 크로포드(Kate Crawford)의 《ATLAS OF AI》라는 책에 이 내용이 자세히 설명되어 있습니다. 보통 'Amazon Mechanical Turk' 같은 웹에서는 AI를 위해 트레이닝을 하는 노동을 많이 사용합니다. 사회과학 쪽에

서도 굉장히 유명한 툴이고 사람들이 많이 사용하는데, 이에 관련해 매우 재미있는 용어가 하나 있습니다.

앞의 그림은 Amazon Mechanical Turk 웹사이트의 일부분입니다. 이 그림의 빨간 원을 보시면 'Artificial Artificial Intelligence(인위적인 인공지능)'이란 문구가 붙어 있습니다. 말하자면 AI 같아 보이지만 사실은 기계가 아니라 사람들이 하고 있는 노동의 한 종류임을 드러내는 문구입니다.

이런 노동의 종류도 AI가 광범위하게 사용되기 시작하면서, AI 시

스템을 훈련시키기 위한 노동이 보편화되는 과정에서 생겨난 것입니다. 하지만 여기에도 사실 문제가 있습니다.

절차 공정성의 측면에서 기본적으로 AI에 기반한 경제는 시간과 공간의 제약 없이 어떤 노동 기회를 누구에게나 제공할 수 있다는 점에서 굉장히 큰 장점을 지닙니다.

하지만 분배 공정성 측면에서는 문제가 많은 것으로 나타납니다.

'Artificial Artificial Intelligence'를 위한 노동은 누군가 감독하지 않아도 완벽하게, 아무 문제없이 노동의 결과가 제공되기를 요구받습니다.

하지만 해당 노동자들에게 기본 소득은 제공하려 하지 않습니다. AI를 운영할 수 있도록 이미 굉장히 많은 사람들이 기계를 훈련시키기 위해 노동을 이어나가고 있습니다. 그런데 막상 논문을 쓸 때는 'Amazon Mechanical Turk'를 사용해서 기계를 훈련시켰다고만 하지, 이 시스템상에서 이루어진 사람들의 노동에 대해 가치평가를 해주거나 고마워하지는 않습니다. 그런 면에서 AI 사업에서 생겨나는 어떤 이익이 관련 노동에 참여하는 사람들한테 돌아가지 못한다고 볼 수 있는 측면도 있습니다.

● 개인맞춤형 인공지능 서비스의 빛과 그림자

이제 다른 측면에서 한번 생각해 보면, 어떤 AI에 기반해서 사람들의 상황에 맞는 커스텀 툴(custom tool)이 개발되고 있는지 살펴보겠습니다. 사실 이 부분이 AI가 굉장히 잘하는 영역이기도 합니다. 그

AI, 세상을 만나다

동안 사람들이 가지고 있던 데이터에 기반해서 해당 사용자에게 맞춤화(personalized)된 서비스를 제공하는 것이 AI가 잘할 수 있는 부분입니다.

우선 이 철학에 기반해 AI 이전의 기존 정책 사례를 보면, 예를 들어, 한국의 의료보험 제도처럼 사람들이 가지고 있는 소득 수준에 맞춰서 의료보험을 내는 방식, 또는 소득 수준별 세금 납부, 아니면 저소득층에게 주거 지원을 다양하게 해줄 수 있는 제도 등이 있습니다. 그리고 위에서 설명한 대학 입시에서의 '소수인종 우대정책(affirmative action)' 등이 형평성 철학에 기반한 기존 정책 사례일 것입니다.

이렇게 개인맞춤화(personalized)된 서비스를 AI는 거의 모든 IT 서비스에 다양하게 포함시키고 있습니다. 페이스북이나 트위터 피드를 업데이트할 때 사람들이 좋아하는 피드로 업데이트하게 해준다든지, 아니면 구글을 포함해 소셜미디어의 각종 광고 서비스들이 모두 개인 맞춤형 AI 서비스라는 사례들을 찾아볼 수 있습니다. 또 넷플릭스, 아마존 같은 콘텐츠 서비스의 추천 알고리즘도 개인 맞춤형 AI 서비스가 되고 있으며, 쇼핑 앱에서 상품 추천 알고리즘 역시 마찬가지입니다. 가령 마켓컬리나 SSG 같은 데서 자신에게 맞는 상품을 추천하면 굉장히 사고 싶어집니다. 그래서 이런 개인 맞춤형 AI 서비스를 주로 기업에서 많이 사용합니다.

그런데 여기서도 문제가 발견됩니다. 데이터 자체의 편향성도 있을 것이고, 또 최근에 문제가 되고 있는 데이터 집중(concentration)의 문제도 있습니다. 가령 한 연구팀이 머신러닝 커뮤니티에서 쓰고 있는 데이터를 한번 조사해 봤더니 데이터의 종류가 점점 줄어들고, 썼던 데이터를 재활용하는 경우가 많았습니다. 그리고 전체적으로 소수의, 굉장히 어떤 표준화된 데이터에 맞춰서 머신을 트레이닝하고 그에 따른 결과를 공유하는 경우가 많아지는 걸 확인했습니다.

물론 이렇게 하는 이유가 있습니다. 데이터가 표준화된 상태에서 머신 트레이닝을 하면 사람들이 저마다 가지고 있는 어떤 알고리즘의 효율성(efficiency)을 확인하기 쉽기 때문에 이러한 경향이 생겨나기도 합니다. 하지만 그럼에도 불구하고 데이터가 일종의 '소수의 데이터'로 집중될수록, 이 데이터가 수집된 집단을 향해서만 알고리즘이 집중적으로 개발되는 한계점은 여전히 남습니다.

다음으로는 데이터 프라이버시의 문제가 있습니다. 예를 들어, 처음 머신러닝 기법이 발전하기 시작할 때 자주 썼던 데이터 중에는 범죄자들의 머그샷을 사용한 경우가 있었다고 합니다. 이미지 넷이라는 웹사이트도 머신 트레이닝을 위해 자주 사용되는데, 이 웹사이트는 웹에서 사진들을 무작위로 긁어옵니다.

하지만 수집된 사진들을 사용해 얼굴 인식이 가능한 머신을 개발하는 과정에서 트레이닝에 활용된 사진의 인물들에게 정말 동의를 받았는지는 알 수 없는 일입니다. 이런 면에서 데이터 프라이버시 이슈는 절차 공정성에 마이너스 요소가 될 수 있을 것 같습니다.

또 다른 재밌는 사례는 AI에 기반한 개인 맞춤형 정책입니다. 2017년에 사회학과에서 상당히 이슈가 되었던 새라 브레인(Sarah Brayne)의 논문이 있습니다. 이 연구자가 수행한 것은 빅데이터에 기반한 경찰 순찰 패턴이나 범죄자 수색

Sarah Brayne, PhD

AI, 세상을 만나다

패턴에 대한 연구였습니다.

연구에서 발견된 새로운 수색 패턴은 다음과 같습니다. 경찰 그룹에서 수색을 진행할 때, 경찰이 갖고 있는 데이터만 쓰는 게 아니라 사기업에서 모아온 데이터를 연결시켜서 사용하기 시작하였습니다. 이를 통해 누가 더 범죄를 일으킬 확률이 높은지, 혹은 어떤 지역, 어떤 마을에서 범죄가 일어날 확률이 높은지를 알게 되면 그 지역에 더 집중적으로 순찰을 늘리고, 의심이 되는 사람들을 더 관찰하는 정책을 적용하기 시작한 겁니다. 그리고 모두 예상하실 수 있듯이, 경찰이 더 많이 배치됨에 따라 더 많은 범죄자들이 검거되고 있습니다.

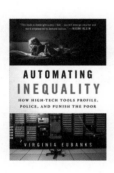

이와 비슷한 사례로 버지니아 유뱅크스(Virginia Eubanks)의 《자동화된 불평등》이란 책에 나오는 사례에 따르면, 사회복지정책상 의료보험 남용을 방지하기 위해 AI가 적극적으로 사용되고 있다고 합니다. 누군가의 은행 거래 패턴이나 신용 점수 체크 패턴을 AI를 통해 분석하고, 평소와 다른 행위를 하였다는 이유만으로 그 사람들에게 본인의 행동을 정당화할 수 있는 증거를 제출하라고 요구하는 정책적 접근이 이루어지고 있습니다. 이처럼 알고리즘에 의해 본인의 행위를 의심받는 과정은 그 사람의 존엄성을 갉아먹고, 행정적 불평등을 높이는 역할도 하고 있습니다.

또한 AI를 통해 긍정적인 결과를 만들어내는 피드백이 이루어지기보다는, 그 사람의 행위를 의심하고 통제하고자 하는 부정적인 피드백을 할 때 AI에 기반한 개인 맞춤화가 이루어지고 있는 것 같습니다.

이런 상황을 고려할 때, 절차 공정성 측면에서는 우선 인종 편차와 같은 문제를 줄일 수 있는 여지가 있습니다. 즉, 단순히 "흑인이면 범죄를 일으킬 확률이 더 높아."라고 의심하는 것이 아닌, 해당 인물이 지금까지 썼던 신용카드의 사용 패턴, 여행했던 지역의 성격 등을 모두 분석해서 그가 범죄를 일으킬 확률을 측정할 수 있기 때문입니다.

이와 같이 누군가는 AI가 인종 편차를 줄일 수 있는 수단이라고 하고, 혹은 경찰들이 가지고 있는 특정 인종에 대한 편견을 깰 수 있는 수단으로 보는 측면도 있을 것입니다.

하지만 한편으로는 누군가가 더 자주 수색될 확률이 높아지면 그 사람들이 당연히 더 많이 감시당하게 됩니다. 그리고 더 많이 감시당하면 당연히 더 수색되며, 범죄자로 몰릴 확률도 높아지는 악순환에 빠지게 만든다는 우려가 제기될 수 있습니다. 이런 불균등한 감시 분포가 오히려 범죄자를 양산하는 수단이 될 수 있다는 면에서 절차 공정성의 훼손 가능성이 있습니다. 또한 분배 공정성 측면에서도, 감시망에 포함된 이들에게 사회적 낙인이 찍힐 수 있다는 점에서 2차적인 피해가 염려됩니다.

특히, 범죄 경험이 있는 이들은 병원, 행정 서비스와 같은 사회서비스도 이용하지 않으려는 경향이 있습니다. 그 이유는 그들이 아무 잘못한 것이 없어도 왠지 이 데이터에 자신의 기록을 남기는 것이 언젠가 자기한테 불이익으로 돌아올 수 있을 거라는 생각 때문입니다.

AI, 세상을 만나다

따라서 감시망을 피하려고 하는 경향이 있고, 이에 따라 소외 집단의 사회적 박탈감도 더욱 증대되는 측면이 있다고 합니다.

● 인공지능의 공공성을 위해 국가가 주도해야

마지막으로 '정의(justice)'의 측면에서 AI가 어떻게 기여할 수 있을지에 대해 한 가지 연구를 소개하고 이야기를 마무리하겠습니다.

줄리아 레인이라는 유명한 경제학자가 쓴《Democratizing Our Data》라는 책이 있습니다. 일종의 매니페스토 선언 같은 내용입니다.

이 책의 주요 요지는 사기업에서의 데이터 혁명이 충분히 이루어졌다는 것을 전제로 합니다. 구글이나 아마존, 마이크로소프트, 애플, 페이스북과 같은 사기업에서는 효용을 극대화하겠다는 너무 당연한 목표가 있기 때문에 이런 혁신이 꾸준히 일어날 수 있었습니다. 하지만 공공 기업이나 지방자치단체와 같은 공공 영역에서는 이와 같은 데이터 혁명이 일어나지 않았다는 겁니다. 그러다 보니 아직도 약 100여년 전에 개발된 GDP와 같은 아주 오래된 경제지표를 사용하고 있고, 새로운 경제지표를 만들려는 시도도 적극적으로 하지 않고 있습니다.

따라서 AI가 가지고 있는 기술이나 아이디어, 혹은 힘이 사기업의 이익 극대화(profit maximization)만 하기에는 너무 아까우니, 이제 그 기술을 공공 섹터에 적용할 것을 주장합니다. 그리고 이를 통해 좀 더 사회에 도움이 되는 방식으로 데이터 기술의 발전을 활용할 수 있지 않을까 하는 제안을 하고 있습니다.

적당한 데이터를 적절하게 제공하는 것은 특히 공공 시스템과 질서를 유지하기 위해 중요합니다. 누구한테 더 사회복지정책의 결과를 배분할 것인가, 누구한테 더 공공 교통수단을 제공해야 하는가, 누구한테 더 병원 서비스를 제공해야 되는가, 누구한테 더 실업 급여를 제공해야 하는가에 대한 조금 더 구체적인 내용, 효율적인 정책을 만들기 위해서는 이런 공공 데이터를 잘 구축하는 게 핵심입니다. 또 이를 위해 국가에서 주도적으로 나서야 한다고 주장합니다. 이 과정에서 수반되는 핵심 조건은 바로 자동화된, 투명한, 그리고 책임 있는 데이터를 만들어내는 것임을 강조합니다.

● AI, 또다른 'Equalizer'를 기대하며

지금까지 우리는 인공지능 기술이 가져오는 사회의 변화가 우리 사회의 절차 공정성과 분배 공정성에 어떠한 영향을 주고 있는지를 살펴보았습니다. 인공지능은 새로운 직업 기회를 창출하고 있으며, 인간들의 행위에 대한 빅데이터 분석을 통해 의사결정이 이루어진다는 점에서 절차적 공정성을 확보할 수 있는 측면이 있습니다.

AI, 세상을 만나다

하지만 인공지능이 분배 공정성을 개선하는 데에도 똑같은 강점을 지니고 있다고 보기는 힘듭니다. 특히, 인공지능 서비스를 유지하는 직장들(우버 드라이버, 배달 노동자, 휴먼 코더 등)은 안전하거나 안정적이라고 보기 힘들며, 더 많은 임금을 받는 것도 아닙니다. 또한 데이터를 통해 사회취약집단에 대한 감시의 시선이 훨씬 일상적으로 확대됨에 따라, 사회취약집단은 끊임없이 자신의 행동을 정당화하라는 요구를 인공지능으로부터 받고 있습니다. 이는 사회취약집단이 받는 불평등의 무게를 줄여주기보다는 늘리고 있다고 보는 편이 맞습니다.

인공지능과 데이터과학은 더 좋은 서비스를 사용자들에게 제공하고, 이를 통해 수익창출을 하겠다는 목표를 꾸준히 달성하여 왔습니다. 기술의 지속적인 발전도 물론 중요하지만, 이제 이 기술을 어디에, 어떻게 써야할지도 한 번쯤 숙고해 볼 시기가 온 것 같습니다. 어떻게 인공지능 기술을 적용하여야 더 많은 사람들이, 더 평등하게, 치우침없이 기술의 열매를 함께 누릴 수 있을까요? 이 질문에 대한 답을 꾸준히 찾아보고자 합니다.

—김란우(KAIST 디지털인문사화과학부 교수)

AI 기반의 새로운 경제생태계,
디지털플랫폼

인공지능, 혹은 머신러닝의 밸류체인을 살펴보면, 데이터를 취합·저장한 후 프레퍼레이션을 하고 알고리즘 트레이닝을 한 다음, 해당 데이터를 실제로 어딘가에 이용해 상용화하는 패턴으로 이어집니다.

인공지능/머신러닝 밸류체인 과정

이 중 AI 또는 머신러닝은 주로 3·4번의 단계에서 발생하는 경우가 많습니다. 그리고 5단계 같은 경우 결국에는 우리의 실생활에서 풀어야 하는 문제들을 자동화 또는 업무 효율화를 통해서 상용화 가능한 많은 아웃풋을 도출하게 됩니다. 그 결과로 나오는 도출물의 형태에는 상품이나 서비스 등 여러 가지가 있겠습니다.

이 글에서 주로 다룰 부분은 1·2번에 해당하는 초기 단계입니다. 데이터를 취합하고 저장하는 단계인데, 지난 10년 사이에 모바일 시대가 되면서 디지털플랫폼 또는 클라우드(cloud), IoT, PaaS 등이 많이 성행하게 되면서 데이터를 취합할 수 있는 구조적인 부분들이 상당히 쉬워졌습니다. 그리고 결국에는 데이터가 좋아야 AI에 대한 아웃풋도 좋아지기 마련입니다.

디지털플랫폼 비즈니스가 많아지면서 우리는 AI의 혜택을 많이 보고 있습니다. 또 데이터에 기반한 의사결정도 많이 하고 있습니다. 그러다 보니 기업들의 비즈니스 모델 자체도 많이 변화해 가고 있습니다. 현대식 제조업이나 전통적(legacy) 기업을 막론하고 모두가 어떻게 하면 데이터를 더 활용할 수 있는 기업으로 산업 구조 자체를 탈바꿈해 변화가 있게, 훨씬 더 효율적이게, 또 살아남기 위해 노력하고 있습니다. 그러다 보니 아마존 같은 경우에도 소프트웨어건 하드웨어건 가리지 않고 AI 스피커 등 여러 가지 상용화 가능한 앱들을 내놓고 있습니다.

그리고 이러한 앱들이나 소프트웨어들이 많은 고객과 소통하면서 더 많은 데이터가 모이고, 질적으로 더 좋은 데이터가 쌓이면서 선순환을 이룹니다.

그래서 어떻게 보면 앞의 그림처럼 선형적 프로세스보다는 계

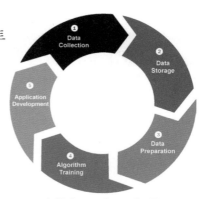

순환적 프로세스로의 전환

속해서 옆의 그림처럼 선순환 구조로 돌게끔 해주는 것이 디지털플랫폼이라는 비즈니스의 장점입니다. 때문에 과거의 선형 구조적 비즈니스도 요즘은 플랫폼 비즈니스로 많이 변해갑니다.

AI, 세상을 만나다

실제로 디지털플랫폼은 우리 산업에서 굉장히 중요한 역할을 담당하고 많은 가치를 창출하고 있습니다. 특히 지난 10년 사이에 많은 앱들이 폭발적으로 성장하면서 우리 생활의 많은 부분이 변해가고 있는 것도 사실입니다.

● 디지털플랫폼의 종류

디지털플랫폼 비즈니스는 사실 크게 두 가지가 있다고 보시면 됩니다.

첫째, IT 기업으로서 태생 자체가 디지털플랫폼인 경우입니다.

둘째, 전통산업에서 레거시 기업이 살아남기 위해 디지털플랫폼화를 이루는 '디지털 트랜스포메이션(DT)', 혹은 '디지털 전환(DX)'입니다.

태생이 IT 기업인 경우에는 일례로 핀테크계의 '토스'라든가 '카카오뱅크' 같은 경우를 들 수 있습니다. 기존에 있던 레거시 기업 같은 경우에도 지금은 대다수의 업무가 비대면 모바일 플랫폼 등으로 변해가고 있습니다.

이 업계에서 대표적이라면 싱가포르에 있는 'DBS 뱅크'가 디지털플랫폼화를 가장 잘한 은행으로 들 수 있습니다. 지난 4년간 각종 상을 모두 휩쓸고 있습니다. 이처럼 레거시 기업 중에도 성공적으로 디지털플랫폼화를 빨리하는 기업들이 아무래도 경쟁력을 유지하면서 잘 살아남고 있는 것 같습니다.

금융업을 예로는 들었지만, 리테일, 전자상거래, 미디어 업계에서도 예전의 **KBS**, **MBC** 같은 아날로그 방송에서 지금은 **OTT** 서비스로 트렌드가 변화하는 등 다양한 산업 분야에서 유사한 현상들이 발생하고 있습니다. 또 태생이 **IT** 기업인 스타트업들과 레거시 기업의 디지털플랫폼 전환도 많이 이루어지고 있습니다.

● 제조업 DT : ASSA ABLOY의 사례

서비스업뿐만 아니라 제조업에서도 최근 몇 년 사이에 많은 고민들이 이루어지고 있습니다. **AI**를 활용하기 위해서라도, 또는 데이터를 더 잘 활용하기 위해서라도 제조업에서는 어떻게 해야 할까요?

'아사아블로이(ASSA ABLOY)'라는 강소 중견 기업이 있습니다. 스웨덴 기업입니다. 아마 주변에서 상당히 고급스럽다 싶은 문의 손잡이를 한 번 유심히 보시면 아사아블로이의 상표가 붙어 있을 확률이 굉장히 높습니다. 스테인리스 스틸로 굉장히 고급스럽게 자물쇠도 만들고 문고리도 만드는 회사입니다. 전통적인 중소 제조업체였는데, 이 업체의 고민도 지난 10년 사이에 어떻게 하면 고객들의 불편한 상황을 고쳐줄까 하는 데서 출발했습니다. 지금은 디지털 트랜스포메이션을 굉장히 잘한 기업으로 꼽히고 있죠.

그렇다고 아사아블로이가 처음부터 디지털 트랜스포메이션이나 플랫폼으로의 방향 전환을 구상한 건 아니었습니다. 불편함을 편리함으로 바꾸려고 고민하다 보니 이루어진 혁신이었죠.

옛날에는 열쇠를 잃어버림으로써 생기는 불편함이 종종 있었습니다. 누구에게 열쇠를 전달해 주려고 해도 비대면으로 안 되고, 대면으로, 누군가 꼭 만나서 전달해 줘야 했습니다. 그런 문제를 풀기 위해서 키패드가 나왔습니다. 하지만 키패드를 사용하다 보니 암호를 까먹거나 지문이 묻는 오염 문제, 그리고 번호 유출에 대한 보안 문제가 있었습니다. 그래서 카드나 사원증에다가 IC칩을 붙여서 열쇠로 사용하는 IoT 기계처럼 만들었죠. 그러다가 요즘은 아예 스마트폰에 다운로드 받아 가지고 가입자라면 누구나 열쇠를 사용할 수 있도록 하는 제품으로 진화했습니다.

이 기업의 변화 과정을 나열한 이유는, 이 업체가 고객들 또는 고객사들의 불편함을 개선하기 위해서 이렇게 해왔는데, 결과적으로는 지금 인터넷 보안 업체로 진화해 지난 2년 사이에 코로나 때문에 호텔 업계에서 폭발적인 인기를 얻었다는 점을 말씀드리기 위해서입니다.

비대면 업무로 고객들이 데스크에서 체크인하지 않고도 마치 비행기에 탈 때 모바일로 체크인하듯 그냥 호텔 근처에 와서 바코드로 키를 받아서 곧장 자기 방으로 갈 수 있게끔 바뀌었습니다.

이렇게 되다 보니까 호텔 업계에서도 데스크에 줄 서는 게 많이 줄어들었고 거기에 있는 직원들도 꼭 응대가 필요한 서비스에 질적으로 더 높은 서비스를 해줄 수 있는 여유가 생겼습니다. 뿐만 아니라 모바일 쪽으로 데이터가 쌓이다 보니 고객들이 어떤 음식을 룸서비스로 선호하는지도 정확하게 데이터로 나옵니다. 예전에도 전화로 했지만 이제 자동화된 데이터베이스가 쌓이면서 훨씬 더 데이터 기반의 의사결정을 할 수 있어서 호텔 업계에서도 저런 비대면 도어키 상품이나 서비스를 많이 사용하고 있습니다. 그래서 고객사들이 굉장히 좋아하는 서비스 방식으로 변화해 왔고, 아사아블로이 역시 그에 맞게끔 진화해왔습니다.

AI를 사용하여 업무 효율화, 자동화, 주문제작(customization), 예지보전(predictive maintenance)을 가능하게끔 해주는 디지털플랫폼의 역할이 기업이나 사회를 위해서 꼭 필요하고 매우 중요하다는 것은 모두 공감하실 겁니다. 그리고 대다수 고객들도 디지털 혁신이나 새로운 업무 효율화를 굉장히 좋아합니다.

하지만 모든 사람들이 혁신을 좋아하지는 않습니다. 그게 사회적인 문제가 되는 경우가 많죠. 일례로 지금 레거시 기업 같은 경우에도 호텔이건 은행이건 방송국이건 여러 가지 산업 부분에서 전통 사업부가 담당하던 일이 있었고, 새로운 시대를 맞이해 데이터 드리븐(data driven) AI 기술 등을 사용하기 위해 디지털 사업부 같은 것을 신설하고 있습니다. 그런데 조직 내 갈등이 심합니다. 왜냐하면 디지털 사업부에는 잘 나가는 IT 인력들이 고용되어 굉장히 새로운 기업

AI, 세상을 만나다

문화 속에서 연봉도 더 높을 수가 있고, 승진도 그쪽에서 더 많이 나오며, 매출도 그쪽에서 많이 나올 것입니다. 이에 따라 조직 내에서 전통 사업부는 소외감을 느끼기 시작합니다.

그리고 어떤 경우에는 서로 협력해서 같이 추진해야 하는 사업들도 같은 조직 내의 구성원들이 별로 협력을 안 합니다. 어느 정도 알력이 있죠. 아마 주변에서도 그런 경우를 많이 보셨을 겁니다. 같은 조직 내에뿐만 아니라 잘 아시다시피 외국 같은 경우에는 택시 업계와 우버, 우리나라에서는 '타다'와 택시 업계 조직 간의 갈등이 매우 심합니다. 심지어는 극단적인 선택을 할 정도로 이러한 혁신을 아주 싫어하는 사람들이 많습니다. 혁신이 아무리 국가나 고객들에게 이로워도 이에 대한 기존 시스템의 저항은 불가피합니다.

이런 혁신에 대한 거부 현상은 심지어 전문가들이 모인 집단에서도 예외가 아닙니다. 의료 업계에서도 우리나라는 아직까지 원칙적으로 원격 진료가 금지되어 있습니다. 또 대학에서도 원격 교육만 가지고는 학위 취득이 불가능합니다. 다만 코로나 때문에 일시적으로 허용되고 있을 뿐입니다.

한편 원격 진료, 원격 교육과 마찬가지로 탈 중앙화된 'DeFi 파이낸스'는 앞으로 금융업계에서 굉장히 큰 변화를 가지고 올 '와해적 혁신'이 분명합니다. 마찬가지로 다소 시행착오는 있겠지만 병원 역시 큰 방향에서 저런 기술들을 사용해서 점점 더 커스터마이징으로 가든가, 혹은 업무 효율 측면에서 호텔 업계처럼 의사들이 꼭 시간을 할애해야 하는 환자들과 그렇지 않아도 되는 진료를 구분해 효율을 증대할 필요가 있습니다. 다만 그 전환 과정에서 사회적인 문제가 굉장히 많을 거라는 게 모든 업계의 공통점인 것 같습니다.

● 왜 어떤 시장에서는 유독 혁신에 대한 저항이 더 심할까?

100년 전 자동차가 대량 생산됐을 때 실제로 영국에서는 마차 산업을 보호하기 위해서 자동차를 이 세상에서 가장 위험한 물건으로 규정하고 금지·규제했습니다. 1865~1896년까지, 그 규제가 풀리는 데는 대략 30년 정도가 걸렸습니다.

이런 갈등은 현재도 마찬가지입니다. 지도를 보면, 우버가 진입했던 도시들 중에서 빨간색은 고전하다가 퇴출당했던 시장들이고, 초록색은 우버가 진입했을 때 고객들이 굉장히 환영하고 영업을 잘했던 시장들입니다.

전 세계 지역별 우버 관련 법적 문제 발생 빈도
(출처 : http://www.taxi-deutschland.net/images/presse/Infografik_Uber-legal-issues_EN_v12)

그런데 똑같은 문화에 똑같은 나라인 미국 안에서도 도시마다 상

AI, 세상을 만나다

황이 다릅니다. 그리고 데이터를 분석해 보니 업종만 다를 뿐, 이런 갈등은 업계마다 비슷한 것으로 나타났습니다.

신산업이 혁신을 불어넣기 위해 시장에 들어오면 기존의 전통산업이 가지고 있던 기득권과 그들의 value chain 방식, 그리고 보호하고 싶은 것들이 꼭 있습니다. 신사업 혁신과 전통산업의 이익 보호라는 줄다리기에서 심판의 역할을 해주는 게 규제인데, 이 규제는 결국 사회과학자나 정치하는 사람들이 만들게 되어 있습니다.

사실 최종 사용자인 고객, 또는 국민들이 얼마나 편익을 느끼는지를 감안해서 규제를 만드는 게 이론적으로는 맞습니다. 하지만 현실에서 고객들은 불특정 다수이고 분산되어 있으므로 규제가 만들어지는 과정에 아무런 영향을 주지 못하는 경우가 많습니다. 그래서 대부분의 경우 혁신산업 대표자와 전통산업 대표자 간의 목소리 싸움이 되는 와중에 규제 당국에서 법안을 만들게 됩니다. 그리고 이미 업계 간의 조직력이나 카르텔을 확보하고 있던 전통 사업자들은 집결이 잘 되어 규제 당국에 큰 영향력을 행사하여 옛날 영국의 마차 산업처럼 장기간 이익을 유지합니다.

다만 사용자들 또는 국민들이 정치에 대한 관심이 많아서 투표율이 높거나, 0.7%로 누가 이기고 하는 박빙의 승부가 있는 시장들은 국민들의 요구를 외면할 수가 없습니다.

그런 관점으로 제가 미국에서 우버가 신사업에서 금지될 확률을 한번 계산해봤더니 정치적 경쟁(political competition)이 높은 데서, 즉 박빙의 승부로 당선되는 의사결정 과정이 있는 데서는 당연히 금지를 덜해서 더 허용하는 편으로 나왔습니다. 또 고용률이 낮을 때는 조금 더 허용하는 편이었습니다. 반면 택시 업계가 워낙 큰 산업이면 우버로 인해 침해되는 세수에 대한 부담이 너무 크기 때문에 일단은 금지해 버리는 등 경제적인 요인들이 작용하는 것을 분석 결과로 알 수 있었습니다.

중요한 점은 여러 가지 경제적인 요인에 의해 규제 당국에서 현재의 산업을 보호하는 이익이 크다 싶으면 금지할 확률이 크고, 반대로 현재의 고용률이나 세금 등 택시 산업에서 나오는 이익이 많지 않은데 신산업이 국민들에게 환영받는다 싶으면 조금 더 허용할 확률이 커진다는 사실입니다.

● 우리나라 택시 산업의 특수성

우선 우리나라 택시 산업의 첫 번째 특수성은 인구 구조상 택시 기사의 평균연령이 60세가 넘는다는 점입니다. 전 세계에서 두 번째로 늙은 택시 기사 업계인데, 일본이 60대 중반으로 1위입니다. 우리나라가 한 61~62세 정도 되고. 그렇다 보니 이쪽에서 종사하시는 분들은 생존권 문제로 이 산업이 없어지면 직업 전환이 굉장히 어려운 노동자들입니다. 때문에 조금 더 보호하고 싶은 목소리가 좀 크고 극단적인 선택도 더 많이 나옵니다. 물론 극단적인 선택은 미국이나 영국에서도 나오긴 합니다만….

AI, 세상을 만나다

두 번째 특성은, 우리나라의 택시 요금이 상대적으로 싸다는 점입니다. 따라서 국민들이 조금 불편함을 느껴도 다른 교통수단이 잘 발달되어 있는 나라이다 보니 우버나 타다 같은 신산업이 들어와도 GPS 기반의 모바일로 부르는 건 편하고 좋을지언정 일반 택시와 가격 차이가 크게 나지는 않습니다. 워낙 좀 싼 업계이기 때문에….

반면 미국 같은 경우에는 택시가 워낙 비싸기 때문에 신산업에 대한 경제적 혜택이 더 많고 오히려 고객들이 더 많이 원합니다.

이와 같은 우리만의 특수성을 고려할 때, 택시 분야에서 신산업의 도입 시 특별히 배려해야 할 내용들이 있을 것입니다. 새로운 혁신 플랫폼을 개발하고 발명하는 건 좋은데, 실제로 상용화하는 단계에서 보면 사회적인 문제와 갈등 유발이 굉장히 심할 수밖에 없는 구조라는 점입니다.

따라서 조직 내 갈등이든 조직 간 갈등이든 이것을 어떻게 풀어나갈 것이냐, 그래서 과도기의 마찰을 어떻게 하면 조금 더 매끄럽게 넘어갈 것이냐가 택시 업계의 새로운 플랫폼 도입과 관련해 우리 모두 고민해 봐야 할 지점입니다.

기존 사례를 보면 여러 가지 해법이나 아이디어가 있기는 있습니다.

일례로 택시 업계의 경우 미국에서 실패한 아이디어 중에 하나가 '상생발전기금'과 같은 명칭으로 우버가 벌어들이는 돈의 일부를 택시 산업의 발전 기금으로 돌려 질적 향상을 도모한다든지, 아니면 망해 가는 회사를 인수한다든지 하는 방식이었습니다.

하지만 결과는 참담했습니다. 국민의 감정 차원에서 미국에서는 "우리를 돈으로 매수하려고 하느냐?"라며 굉장한 저항을 불러왔고, 결국 사회적 합의에 실패했습니다.

그런데 미국에서 실패한 이 제도를 호주에서 다시 시행했습니다. 그리고 호주에서는 성공적이었습니다.

비결은 호주에서 이 제도를 시행하면서도 공론화하지 않은 데에 있습니다. 그냥 우버가 벌어들이는 매회 운임마다 1불 정도를 정부 기금으로 받아들이고, 정부에서 그것을 택시 산업의 체질을 개선하는 기금으로 사용했습니다. 이처럼 공개적으로 얘기하지 않고 정부가 알아서 운영하다 보니 오히려 기존 택시 업계의 저항이 심하지 않은 면이 있었습니다.

이와 같이 똑같은 제도라도 어떻게 프레이밍 하느냐에 따라서, 또 어떤 프로세스를 거쳐 합의에 도달하느냐에 따라 결과를 받아들이는 상황 역시 많이 다른 것 같습니다.

우리나라 같은 경우에도 네이버와 카카오가 하도 사회적인 이목을 받다 보니 '상생발전기금'이라는 걸 두고 있습니다. 네이버 같은 경우에는 '분수펀드', 카카오의 경우는 2022년에 처음으로 3천억짜리 '상생기금'을 만들었습니다. 이런 것들도 디지털플랫폼에 의해서 영향을 받는 소상공인들이 더 발전될 수 있도록 마련된 사회적 배려 차

AI, 세상을 만나다

원의 채널이 되고 있습니다.

끝으로 우리가 함께 고민해 봤으면 하는 내용을 당부드릴까 합니다.

AI는 자동화 혹은 업무 효율화를 가져와서 사회 전체로 보면 좋은 점이 많습니다. 따라서 더 빠른 도입이 필요하고, 더 많이 확대될 것임은 자명합니다. 특히 길게 보았을 때 세계적인 경쟁을 생각한다면 우리나라 기업들도 더 다양한 분야에서 서둘러 진행해야 하는 것은 맞습니다.

다만 일부 사회 구성원들은 지금 당장 단기적으로 AI 플랫폼에 의해 소외 혹은 대체되는 경우가 많기 때문에 기존 시장 참여자의 강한 반발에도 불구하고 AI를 비롯한 혁신이 시장에 잘 안착할 수 있게 도와주는 정책적인 아이디어를 사회 구성원이 함께 고민해 봐야합니다.

널리 알려진 속담을 맺음말로 대신하며, 우리 모두의 관심을 부탁드립니다.

"빨리 가려면 혼자 가고, 멀리 가려면 함께 가라."

―백용욱(KAIST 경영공학부 교수)

AI 시대,
인간중심 디자인이란?

● **휴먼 컴퓨터 인터랙션**|Human-Computer Interaction

모두들 다 아시고 계시겠지만, 기술이 우리 삶에서 사용하는 거의 모든 제품에 접목되면서 저희가 디자인하는 대상들은 기술의 발전과 아주 밀접하게 연관될 수밖에 없게 되었습니다.

저는 우리가 디자인하는 대상이 정말 사람들한테 가치있으려면 어떻게 디자인되어야 할까를 끊임없이 고민하는 사람입니다. 직업상 기술 발전에 대해서 계속 관심을 가지고, 그것이 사람들의 삶에 의미있게 활용되기 위해서는 해당 기술이 제품으로 어떻게 디자인되어야 하느냐에 대해서 굉장히 고민할 수밖에 없습니다.

그리고 이제는 AI도 일상생활 어디에서나 쓰이는 기술이 되다 보니 이것이 정말 인간 중심적으로 활용될 수 있도록 디자인되려면 어떤 것들을 고려해야 하는지를 고민하는 일이 매우 중요한 시기가 되었습니다. 이에 대한 생각들을 이 글을 통해 나누게 될 것 같습니다.

사실 이 책에서 제가 던질 '인간중심'이라는 키워드는 어찌 보면 좀 무거운 주제일 수도 있겠습니다. 심각하게 들어가면 인간 존엄

이나 자기결정권과 같은 철학적인 이야기까지 다룰 수 있을 주제이
기도 합니다.

이 글에서 저는 HCI(Human–Computer Interaction)를 연구하는 사람으로
서, 디자인 연구자로서 '인간 중심 AI란 어떤 것인가'에 대해서 개인
적인 고찰들을 나눠보려고 합니다.

● 컴퓨터의 도입과 HCI 1.0 시대

AI에 대한 이야기로 바로 들어가기 전에, HCI라는 분야에서 인간
중심 디자인이란 어떤 개념으로 진화하고 있는지에 대해서 먼저 이
야기해보겠습니다.

1970~1980년대부터 컴퓨터가 우리의 삶 안에서 적극적으로 활용
되기 시작합니다. 데스크톱 컴퓨터 시대로 들어왔을 때, 기존에 아
날로그식으로 사람들이 수행하던 많은 종류의 일들이 이제 컴퓨터
를 통해서 처리되게 됩니다. 도움을 얻는 도구로써 컴퓨터의 역할들
이 생겨남에 따라 그 당시 매우 중요한 문제로 떠오르게 된 것은 컴
퓨터로 제공되는 이런 기능들을 사람들이 어떻게 하면 잘 사용할 수
있게 만드는가였습니다.

이 시기에는 컴퓨터가 여전히 많은 사람들에게 생소한 기계였으
며 간단한 워드프로세서 기능을 사용하기 위해서도 매뉴얼이 필요
한 시대이기도 했습니다. 실질적으로 해야 할 일들에 투입할 시간을
컴퓨터를 사용하는 과정 때문에 소모하지 않도록 하는 것이 급선무
였던 시대였습니다.

AI, 세상을 만나다

그래서 그때는 정말 좋은 '사용성'이라는 건 효율적으로 사람들이 일을 수행하는 데 있어서 얼마나 빠르게, 생산적이면서도 편리하게 쓸 수 있는가에 달려 있었습니다. 그리고 이를 위해 어떻게 디자인 할 것인가가 관건인 시대였습니다.

● 컴퓨터의 대중적 보급과 HCI 2.0 & HCI 3.0시대

그런데 아시다시피 컴퓨터는 더 이상 어떤 일을 수행하기 위한 툴로서의 역할에만 머무르지 않습니다. 우리의 일상생활 안에서 다양한 일과 관련될 뿐만 아니라 엔터테인먼트까지 커버하면서 삶의 갖가지 영역에 컴퓨테이션(computation) 기술이 들어오게 되자 컴퓨터는 이제 일상 제품으로 활용되기 시작합니다.

사실 사용성이라는 건 어떻게 보면 지극히 기본적인 요구사항이고, 사용상 편리성을 뛰어넘은, 사람들이 제품들을 사용하는 데 있어서 추구하는 가치들에 대해서 귀 기울이기 시작하는 시대가 된 것입니다.

이를테면, HCI 1.0에서 2.0 시대로 인간 중심 가치가 옮겨왔다고 말할 수 있습니다. 이때는 사용성을 뛰어넘어 감성적인 만족까지 함께 채워줄 수 있는 가치들이 중요한 이슈가 되었습니다. 이에 따라 다양한 종류의 인터페이스들을 더 직관적으로 사용할 수 있도록 터치 인터페이스(touch interface)라든지 제스처 인터페이스(gesture interface), 혹은 다양한 형식들로 새로운 종류의 인터페이스 인터랙션 테크닉들이 생겨나게 되었습니다.

한편 새롭고 의미 있는 미적·감성적 경험을 만들어내는 것을 기본 활동으로 하는 디자인이라는 분야에서 볼 때 HCI 2.0 시대부터는 전통적인 디자인 기술과 지식들, 그리고 프랙티스(practice)들이 더 중요하게 되었습니다. 그리고 더 나아가서 이런 기술들이 가져다 줄 수 있는 가능성들이 사용성이나 감성적 만족감과 같은 가치를 충족하는 수준에 머물지 않습니다. 이러한 테크놀로지(technology)들이 더 보편화되고 사람들이 직접적으로 그것을 활용해서 각자 원하는 기능이나 서비스들을 손수 만들어낼 수 있는 사용자 역량강화(customer empowerment)에 대한 가치들이 더 중요해지는 시대로 넘어오게 되었습니다. 이에 따라 사용성이나 감성적 만족감뿐만 아니라 얼마나 사용자 주도적인 가치를 해당 기술들을 통해서 사람들에게 제공할 수 있느냐에 대한 고민들도 함께 확장되기 시작했습니다. 이것이 바로 HCI 3.0 시대의 도래입니다.

종합해보자면, HCI 분야에서 인간 중심의 세 가지 가치, 즉, '좋은 사용성', '감성적 만족감', '사용자 주도성'은 여전히 모두 중요합니다. 그런데 AI라는 기술이 적용되기 시작하면서 이러한 인간중심 가치들을 추구하는 데 있어서 기존의 기술과는 다른 새로운 문제에 직면하게 됩니다.

이전까지의 기술들은 물론 지속적으로 발전되기는 해왔지만, 그 기술이 할 수 있는 기능을 명확히 정의할 수 있었습니다. 하지만 AI 기술이 들어오면서는 AI 스스로 추론하고, 의사결정을 할 뿐 아니라 사람들이 어떤 과업에 대한 내용을 일일이 지정하지 않아도 AI가 알아서 해주는 분야들이 생겨났습니다. 따라서 예전에는 인터페이스의 패러다임이 화면의 직접 조작(direct manipulation)을 자연스럽게 돕는 것이었다면, 이제는 직접 조작이 어려워질 수밖에 없는 AI 기술의 시대로 들어왔다고 할 수 있습니다.

그러므로 이런 시대로 들어왔을 때 좋은 사용성, 감성적인 만족감, 사용자 주도성에 있어서 AI 기술이 어떤 식으로 영향을 주고 있는지, 또 우리가 무엇을 고민해야 되는지 함께 생각해 보고자 합니다.

● AI 기술, 좋은 사용성이란?

먼저 사용성에 대한 이야기를 잠깐 해보자면, 아마 Gmail을 사용하시는 분들은 다 아시는 기능인 'smart compose'를 예로 들어보겠습니다.

사용성(usability) 측면에 있어서 일반적으로 많이 강조하는 것이, 우리가 어떤 것을 사용할 때 얼마나 효율적으로, 편리하게, 쉽게, 빠르게 사용할 수 있도록 도울 것인가 하는 가치관의 측면입니다. 사실 그런 가치관에서 봤을 때, 'smart compose' 기능은 AI로 인해서 우리가 일상에서 반복적으로 하는, 일반적으로 지루하다고 생각하는 작업을 자동화해 준다는 점에서 효과가 있다고 여겨질 것입니다.

그런데, 비록 'smart compose'는 효율성에 도움이 되는 정도의 레벨에서 그 기능을 하고 있을지는 몰라도, 결국 이 기능이 자동화하는 작업 영역이 바로 '글쓰기'라는 점에서 이러한 기능의 존재 의미를 한 번 더 생각해보지 않을 수 없습니다.

글쓰기라는 것은 우리의 생각과 마음을 표현하고 공유하며 다른 사람들과 소통하는 수단이기 때문에 그것을 AI가 자동화한다는 것은 기존에 존재하던 자동화와는 차원이 다르기 때문입니다.

기존의 자동화라는 것은 우리가 지정한 '특정 작업'에 대해서만 기계적 대행을 해주는 수준이었습니다. 반면 지금은 '글쓰기'와 같이 사람들만이 할 수 있었던 고유의 창작 및 표현 영역까지 AI가 스스로, 우리가 일일이 지정하지 않는 부분까지 알아서 자동화해 주는 기술들이 개발되고 있습니다.

비단 글쓰기뿐만 아니라, 저희 분야에서는 AI가 웹사이트를 디자인하는 것도 가능하게 되었습니다. 따라서 효율성만 강조하여 사용 가치만을 극단적으로 추구해 인간 고유의 창작과 표현 영역에까지 AI 자동화를 무차별적으로 도입했을 때, 과연 그것이 어떤 이슈를 가져올지에 대해 고민하지 않을 수 없습니다.

AI 언어 모델로 생성된 페이크 블로그

예를 들면, 이미 읽어 보신 분들도 혹시 계실 것 같은데요, 1년 반 전 기사를 한번 소개해 보겠습니다. 《MIT Technology Review》에 나왔던 기사인데, AI로 페이크 블로그(fake blog)를 만든 상황에 대한 기사입니다. AI 소프트웨어 글쓰기 툴 등은 지금도 많이 개발·활용되는 걸로 알고 있는데, 이 기사 내용 역시 UC버클리(Berkeley) 학생이

AI, 세상을 만나다

AI 언어 모델로 페이크 블로그를 생성했을 때 사람들이 어떻게 반응할지에 대해 수행한 약간의 실험적 시도에 대한 것입니다.

그런데 이 페이크 AI 블로그가 생성된 지 얼마 되지도 않아서 대단히 많은 사람들의 팔로우를 받게 되는 상황이 벌어졌습니다. 기사를 조금 더 들여다보면 그 심각성이 드러납니다.

뉴스에 따르면 사람이 헤드라인이나 도입부 정도에 대한 정보만 제공하면 AI의 'GPT-3' 모델을 통해 몇 가지의 완성 버전이 자동으로 만들어집니다. 그리고 그렇게 만들어진 글은 해커 뉴스라는 데에서 차트에 오르기까지 합니다. 거의 편집도 없이 '복사&붙여넣기' 수준의 블로그를 한두 시간 안에 작성했는데, 이 모든 것이 AI로 가능했습니다.

더욱 심각한 것은 거의 대부분의 사람들이 이 블로그를 사람이 썼다고 생각했다는 점입니다. 사람이 안 썼다고 의심하는 사람도 더러 몇 명이 있었는데, 오히려 그런 코멘트에 대해서 '비추천'을 받는 아이로니컬한 상황이 벌어졌다고 합니다.

글쓰기라는 건 어떻게 보면 진정으로 인간에게 속했던 능력이고, 심지어 동양에서는 특정인의 글이나 작품에 대해 풍격(風格)이라는 함축적 단어로 한 인간의 인격과 글의 특성을 일체화해 설명하기도 합니다. 이러한 영역까지 인공지능으로 자동화한다는 것이 과연 어떤 의미인지 고민을 해 볼 수밖에 없는 것 같습니다. 그리고 이로 인해서 컨트롤 할 수 없는 많은 잘못된 정보들이 자동으로 생성될 수도 있으며, 그런 글들이 우리가 알 수 없는 곳에서 만연하게 될 수도 있는 시대입니다. 따라서 이런 문제를 위해 정책적 · 기술적 이슈와 더불어 디자인 쪽에서도 고민해야겠다는 경각심이 드는 기사였습니다.

효율성과 편리함을 강조하는 사용성 가치를 이런 예시들과 같이 AI 기술을 통해 무분별하게 추구한다면 이전의 기술을 통한 자동화에서 경험하지 못한 여러 심각한 이슈들을 야기할 가능성이 큼을 보게 됩니다. 따라서 인간 중심 가치 중의 하나인 '사용성'을 AI 기술과 관련된 제품을 디자인할 때는 어떻게 고려할 것인지에 대해 많은 연구가 필요하다고 판단합니다.

● AI 기술, 감성적 만족감의 문제

IT 기술에서 정말 가치 있는 감성적 만족감을 주는 디자인이란 어떤 것인가 고민을 해왔던 것에 비해 AI 쪽에서는 사실 좋은 사례를 많이 찾지 못했습니다.

다만 어떻게 보면 AI라는 기술로 인해서 이전의 기술들과 굉장히 다른 종류의 인터랙션 경험들이 가능해졌다는 것을 보여주는 예시 정도는 될 것 같습니다. 이전의 기술들은 사실 사람이 조작하는 대로 움직이는 기술들이었지만, AI 기술은 사람이 모두 지정하는 것이 아니라 AI가 알아서 해결하는 부분들을 포함합니다. 따라서 그런 기술로 생산된 애플리케이션들은 사람과 상호작용하는 방식이 달라질 수밖에 없습니다. 많은 부분들이 인격체 사이의 대화(conversation) 형식을 모방한다든지 어떤 살아있는 생물체의 모습으로 소통하는 방식으로 AI가 적용되는 것을 알 수 있습니다.

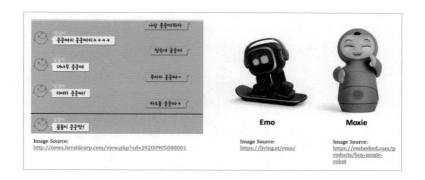

Image Source:
http://news.heraldcorp.com/view.php?ud=20200905000001

Image Source:
https://living.ai/emo/

Image Source:
https://embodied.com/p
roducts/buy-moxie-
robot

이런 방식을 통해 새로운 종류의 인터랙션이 가능해진 것은 사실이고 또 그것으로 인해서 사람들이 어쩌면 새로운 감성적인 경험을 얻게 된 것도 사실일지 모르겠습니다. 그래서 '심심이'와 같이 사람이 아닌 존재와 채팅을 할 수 있는 챗봇들이 나오기 시작했고, 소셜 로봇들이 나오면서 사람들과 다양한 종류의 교감이 가능해지는 인터랙션들이 등장했습니다. 이에 따라 새로운 감성적 경험들도 가능해졌습니다.

그런데 이런 부분들도 어떻게 디자인하느냐에 따라서 사람들에게 도움이 될 수 있는 형태의 인터랙션이 가능할 수도 있겠지만, 현재로서는 그렇지 못한 예시들이 더 많이 나오고 있는 것 같습니다.

예컨대, 얼마 전 선정성, 혐오 표현으로 물의를 빚은 '이루다' 챗봇은 많은 분들이 아실 것입니다. 이외에도 오픈 도메인으로 채팅이 가능하게 되는 어떤 새로운 인터랙션 경험을 가져다 주는 기술들이 출시됨으로 인해 컨트롤할 수 없는 여러 가지 사회적 이슈들이 종종 발생하고 있습니다.

이런 현상이 발생하는 이유 중에 하나로, 이러한 제품을 '왜 디자 인했느냐'에 대한 'why' 부분이 현재의 AI 기술을 시도할 때 많이 빠져 있기 때문이 아닌가 하는 판단이 듭니다. 어떻게 보면 단순히 '새로운 기술'들을 사람들에게 경험하게 해보겠다는 것 외에는 어떤 명확한 '방향성(direction)'이 없는 경우가 많다는 것입니다.

우리가 AI 기술을 개발할 때, 그것을 제품으로 패키지화할 때는 인터랙션하는 방식에서 '사람들이 어떤 가치를 추구하는가'에 대한 깊은 고민이 프로세스의 모든 부분에 녹아 있지 않으면 안 됩니다. 그렇지 못할 경우 오히려 이전의 기술보다 '그냥 한번 던져보는' 실험적인 시도 차원의 기술들이 더 위험하거나 사회적 파장을 키울 수 있는 종류의 기술이라는 생각이 듭니다. 따라서 AI 시대의 도래와 더불어 우리는 더욱 많은 고민을 해야 할 것입니다.

그리고 이런 챗봇뿐만이 아니라 음성 인터페이스(voice interface), 대화 인터랙션(conversational interaction), 로봇 인터랙션(robot interaction)에서도 휴먼라이크니스(human-likeness)를 추구하는 예시들이 많이 나오고 있습니다.

물론 AI가 사람처럼 행동하면 사람들이 어떻게 인터랙션을 해야되는지 좀 더 직관적으로 알 수 있을지는 모르겠습니다. 하지만 AI

가 아직 그 정도의 수준까지는 되지 않았고, 된다고 해도 완전히 'human-likeness'를 적용해서 AI 기술들을 인터랙션할 수 있도록 디자인하거나 개발하는 것이 진정한 사람 중심 디자인인가에 대한 고민도 해봐야 한다는 생각이 듭니다.

구글 듀플렉스 소개 영상을 혹시 보신 분들이 계실지는 모르겠지만, 정말 사람 같이 이야기를 하더군요.

실제로 사용해 보지는 않아서 정말 어떤지는 모르겠지만, 기계임에도 완전히 사람처럼 흉내 내는 것에 대해서 사람들이 두려움을 느낀다든지 거부감을 느낀다

구글 듀플렉스 음성의 예시

든지 하는 실례가 사실 많이 나오고 있습니다. 연구들도 많이 나오고 있고, 실상 관련 내용들은 이전에도 이미 많이 지적되던 부분입니다. 그리고 해당 사건을 통해서도 본격적으로 기계가 완전히 사람과 흡사해지도록 추구하는 것이 '진정으로 사람에게 가치 있는 종류의 개발이고 인터랙션이며 디자인인가?'에 대한 질문을 해 보게 되는 계기가 되었습니다.

● AI 기술, 사용자 주도성의 문제

추론과 의사결정을 AI 내부에서 할 수 있는 인텔리전트 시스템으로서의 특징으로 인해 어떻게 보면 AI는 태생적으로 사용자 주도성이 줄어들 수밖에 없는 기술이라는 생각이 듭니다. 따라서 사용자의 주도성이라는 가치 부분에 있어서 AI가 제일 이슈가 많다는 생각이 들기도 합니다.

물론 그럼에도 불구하고 'DIY'를 할 수 있는 AI 툴킷들이 개발되고, 사람들이 좀 더 접근하기 쉽게 만들어서 많은 이들이 이런 기술을 활용할 수 있는 채널들을 늘리려는 시도가 있다는 건 좋은 현상으로 생각합니다.

그런데 이런 툴킷들이 어떻게 명확하게 사람들에게 이해될 수 있도록 제공되고 디자인되느냐에 따라서 활용도에 큰 차이가 날 것입니다. 더구나 사람마다 관련 지식의 정도가 다를 수 있다는 이슈들도 있습니다. 이런 DIY 툴킷 디자인도 AI 기술과 관련되어 있을 때는 더 조심해서 잘 디자인되어야 한다는 생각이 듭니다. AI 기술을 통한 결과물은 사람들이 컨트롤할 수 없는 불확실성을 필연적으로 내포하고 있기 때문입니다.

AI 기술과 관련된 사용자 주도성에 반하는 예시들은 사실 매우 많은 것 같습니다. 단적으로 두 가지 기사를 예로 들어 제시해볼까 합니다.

먼저 영국 BBC에서 보도됐던 사건의 기사 내용입니다. 10살짜리 아이가 아마존 인공지능 플랫폼 알렉사한테 "뭐 도전해 볼 게 없을까?"라고 물었다고 합니다. 그랬더니 알렉사가 대답으로 "휴대전화 충전기를 벽 콘센트에 반쯤 꽂은 다음에 동전 한 개를 덜 꽂힌 충전기 부분에 갖다 대보라."라는 말도 안 되는 위험한 도전 과제를 이야기했습니다. 정말 다행히도 엄마가 그 행동을 막기는 했다고 합니다만….

AI, 세상을 만나다

사실 AI는 뭐가 옳고 뭐가 그른지 알 수 없는 기계입니다. 그런데 우리가 AI를 활용하는 방식을 보게 되면, 그런 기계가 제안하고 추천한 것들을 그냥 일상생활에서 받아들이게 되는 구조로 디자인되어 있습니다. 특히 어린 아이들 같은 경우는 그런 것들을 판단할 수 있는 경험이 부족할 수 있으니 더욱더 위험에 노출돼 있다고 볼 수 있습니다. 그리고 성인이라 해도 일상생활에서 AI가 추천하거나 제안하는 것들을 받아들이는 패턴에 익숙해져 있을 때 얼마나 사용자 주도성을 가지고 비판적으로 판단하면서 AI를 활용할 수 있을지에 대한 부분조차 고민이 안 돼 있습니다.

현재 디자인에서는 그런 부분들이 매우 중요한 이슈들로 떠오르고 있습니다. 아시다시피 추천 알고리즘, 특히 유튜브 같은 경우에는 《월스트리트 저널》에도 기사가 났지만, 유튜브 패턴 알고리즘의 목적·기능이 사람들을 해당 사이트에 얼마나, 어떻게 하면 더 오랫동안 머물 수 있게 할 것인가에 있습니다. 따라서 이에 부합하게 기술이 설계돼서 활용되는 한 사람들에게 정말 가치 있는 서비스를 제공하기는 어려워질 수밖에 없는 상황입니다.

● AI 시대에 진정한 인간 중심 디자인이란?

인간 중심 가치들과 관련하여 AI는 어떤 이슈들을 가져다 줄까요? UC버클리의 전기공학 및 컴퓨터과학부 교수이자 인공지능연구소 (Center for Human−Compatible Artificial Intelligence)를 이끄는 AI 분야의 세계적인 석학 스튜어트 러셀(Stuart Russell)의 말에 좀 공감이 많이 갔습니다.

요컨대, 기계는 기계일 뿐이라는 것입니다. 기계의 결정들이 사람인 우리 눈으로 봤을 때는 정말 말도 안 되게 바보처럼 보이는 상황, 그리고 그게 특히 당연하게 여겨지는 가치를 전혀 반영하지 못하는 모습을 보여준다면 문제는 더욱 심각합니다. 그런 상황에서는 AI의 행동이나 판단에 대해 정말 어이없다는 표현이 나올 수밖에 없을 것 같습니다.

스튜어트 러셀

그럼에도 불구하고 저희를 비롯해 많은 분들이 노력하고 계셔서 고무적이라고 여겨지는데, 인간적 가치를 우리가 AI에 어떻게 녹여내느냐, 그것을 지켜낼 수 있도록 어떻게 디자인하느냐가 정말 중요한 이슈라는 생각이 듭니다.

특히 사용자 입장에서 기술에 대해 전혀 모르는 경우 사람들은 AI가 하는 대로 그냥 끌려갈 수밖에 없거나, AI의 기술들이 적용된 어떤 애플리케이션들을 주어진 대로만 사용할 수밖에 없는 상황에 처하게 됩니다. 그런 경우 아주 미미한 채널들, 예컨대 '좋아요, 싫어요' 정도의 채널들로만 자기의 생각들을 표현할 수밖에 없다면 사람들은 AI의 결정에 따라가게 됩니다.

이런 상황을 방지하기 위해 어떻게 하면 그 조작가능성의 이슈를 우리가 풀어낼 수 있는가에 대해 기술적으로, 디자인적으로 'solution to the AI control problem'을 찾는 것이 중요합니다. 닉 보스트롬(Nick Bostrom)이라는 철학자의 말에 따르면 'the essential task of our age'라고도 표현할 수 있겠습니다.

이처럼 AI 시대에 진정한 인간 중심 디자인을 위해서는 위에 언급한 비판적인 요소들이 고려되어야만 한다는 이야기를 말씀드리고 싶습니다. 구체적으로는 AI와의 인터랙션 측면에서, 그리고 제가 생각했던 이슈들과 관련해서 봤을 때, AI가 사람들을 위해서 어떻게 활용되어야 하는지에 대해 결정할 수 있는 'value sensitive steering wheel'이 AI 애플리케이션을 사용하는 사람들에게 줄 수 있는 디자인이 돼야 한다고 말씀드리고 싶습니다.

여기서 강조하고 싶은 것은 'value sensitiveness', 즉 사용자 스스로가 자신들의 가치에 민감할 수 있는 운전대여야 한다는 점입니다. AI의 가능성을 잘 살리면서도 정말 인간적 가치가 민감하게, 비판적으로 반영된 AI 기술이 무엇인지를 사용자들이 스스로 생각하고 그것을 표현할 수 있는 인터랙션이 필요합니다. 이와 같이, AI와의 인터랙션이 인간 중심 가치에 있어서 더 나은 방향으로 나아갈 수 있도록 의도성 있게 인터랙션을 디자인을 하는 것이 필요한 시대가 아닌가 생각합니다.

-임윤경(KAIST 산업디자인학과 교수)

AI, 가짜 뉴스의
해결사로 나서다

전산 쪽에서 소셜미디어(social media)를 계속 분석하면서 가장 많이 논의되는 토픽 중 하나는 바로 뉴스입니다. 뉴스가 공유될 때 인터넷상에서 편집된 뉴스와 소셜미디어에서 공유되는 뉴스, 그리고 사람들이 실제 보는 뉴스 사이에는 분명한 간극이 존재할 것입니다.

그래서 빅데이터에 기반한 여러 계산학적 방법론들과 함께 커뮤니케이션, 혹은 저널리즘에 대해 연구자들이 가지고 있는 이론에 토대해 함께 협업하는 연구가 활발하게 수행되고 있습니다.

● 1면이 사라진 신문의 참을 수 없는 존재적 가벼움

흔히 종이신문에서 1면이라는 건 '반드시 봐야 할 중요한 정보'라는 가치가 내포되어 있습니다. 따라서 편집국에서 글씨도 키우고 그 1면 안에 배치를 어떻게 하는지도 중요하게 논의합니다.

그런데 인터넷에서의 1면은 존재감이 없고, 굉장히 개인화돼 있으며, 이제는 1면처럼 여겨지는 뉴스 플랫폼의 첫 페이지 뉴스에 실린 가치에 대한 책임을 회피하기 위해서 네이버 같은 플랫폼의 경우 아예 1면의 편집을 사용자에게 양도해버린 듯합니다. 어떤 미디어가 무엇을 보여줄지에 대한 '레이아웃(layout)'조차 이미 '당신이 원하는, 구독하고 싶은 서비스를 고르세요.'라는 달콤한 말로 포장해 선택권을 독자에게 넘겨버리는 겁니다.

따라서 네이버에 들어갔을 때 보이는 뉴스는 종이신문의 1면과 다를 수밖에 없습니다. 게다가 사람들이 디지털 뉴스를 읽는 패턴은 헤드라인을 보고, 그 안에 들어간 사진을 본 다음, 사진 아래 달린 짧은 기사 요약을 보고, 본문은 거의 '패스'하며, 더욱 많은 시간을 다른 사용자가 남긴 '코멘트'를 읽는 데 소비하고 있다는 여러 가지 증거가 나오고 있습니다.

하지만 뉴스의 코멘트와 실제 뉴스는 사뭇 다릅니다. 그래서 '뉴스의 플랫폼이 바뀌었다(changing news environment)'는 것 자체가 우리에게 말해줄 수 있는 게 굉장히 많을 것 같습니다.

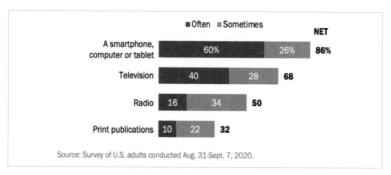

Pew Research 설문이 제시한 미국인이 주로 뉴스를 접하는 매체

물론 변화들 중에 좋은 것과 나쁜 것이 공존할 테지만, 한 가지 단

AI, 세상을 만나다

점을 들자면, 우리는 우연한 기회에 노출된 뉴스를 읽게 되지 중요한 뉴스를 읽는 게 아니라는 사실입니다. 그러다 보니 사람들에게 추천되는 뉴스가 가짜일 수도 있습니다. 책임감 있는 1면이 존재하지 않는 시대, 사라진 1면의 존재가치는 '가짜 뉴스'에 의해 점령될 만큼이나 빈약해지고 말았습니다.

가령 2016년 '힐러리 vs 트럼프' 미국 대선 당시 페이스북 뉴스피드에 가장 많이 등장한 선거 관련 'Top20' 뉴스에는 주요 언론사의 뉴스가 아니라 가짜 뉴스가 더 많았다는 사실을 예로 들 수 있습니다.

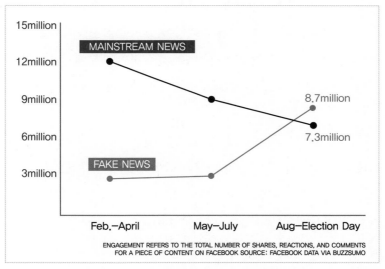

2016 미국 대선 관련 주요 언론사 뉴스와 가짜 뉴스의 페이스북 Top20 노출 빈도

당시에 이는 굉장한 이슈였습니다. 물론 사람들이 페이스북에서

만 뉴스를 보는 것은 아니지만, 상위 20개의 대선 뉴스 중에 더 많이 노출된 뉴스가 바로 가짜 뉴스였다니 얼마나 당황스러웠을까요?

어쩌면 당연한 결과였습니다. 왜냐하면 페이스북의 알고리즘은 사람들이 많이 클릭하고 '시간소요(time spent)'가 상당한 콘텐츠를 바로 좋은 정보라고 생각하기 때문입니다. 단지 '놀랍고 쇼킹해서' 봤을 수도 있지만, AI는 그런 구분을 못 하니 이런 현상이 일어나게 됩니다.

그래서 요즘은 다시 인간 중심 AI(human-centered AI)로 바꾸자는 움직임이 고개를 들고 있습니다. 이런 변화에 따라 인터넷 콘텐츠를 랭킹할 때 방금 보여준 정보가 어땠는지 사용자에게 물어보는 '프롬프트(prompt)'가 뜨기 시작합니다. 페이스북 같은 경우에도 '이런 콘텐츠를 덜 보여주세요.' 등의 사용자 취향을 반영한 옵션들이 생기고 있습니다. 너무 자주 물어보면 사용자는 싫어하기 때문에 플랫폼은 최소의 '인터럽트(interrupt)'를 주면서 만족도를 조사하고 싶어 합니다.

사용자의 의도를 파악하기 위해 직접 설문이 아닌 추측을 하기도 합니다. 보통 사람들은 내가 방문하는 인터넷 사이트가 클릭(click)만 추적할 것이라고 생각하지만, 사실 그보다 더 예리하고 정밀하게 사용자 행동 데이터를 수집하고 있습니다. 예컨대, 플랫폼에서는 250 ms, 그러니까 4분의 1초 동안 사용자의 화면 이동 스크롤이 늦어졌다 싶으면 눈동자가 어디를 봤을지를 예측해서 그 콘텐츠에 가중치를 주기도 합니다.

또 내가 클릭하지 않더라도 인터넷상에서 비디오가 자동 플레이되는 경우가 있습니다. 유튜브나 페이스북에서 잠깐 스크롤을 멈추기만 해도 해당 영상이 내가 좋아했던 콘텐츠로 로그가 돼버리는 겁니다. 이는 사람에게 다시 물어보는 걸 최소화하기 위한 추측 기법에 해당합니다. 하지만 단지 시선이 멈춘 것이 진정으로 보고 싶다는 의사와는 다르므로 플랫폼은 이런 정보를 조심해서 사용해야 합니다.

한편 이런 와중에 유럽에서는 디지털 서비스 법률(digital services act)이라는 중요한 규제(regulation)가 생기고 있습니다. 가짜 뉴스를 보여주거나, 과도한 개인정보를 사용한 광고를 송출하거나, 혐오 표현(hate speech)이 담긴 글을 게시하면 벌금이 많이 나오게 됩니다. 그리고 이런 규제의 트렌드는 유럽뿐만 아니라 전 세계로 퍼져 나갈 것입니다.

● 그럼 뉴스의 미래는 무엇인가?

많은 분들이 뉴스의 미래에 대해 이야기할 때 여러 가치들을 거론합니다. 저 역시 '가짜 뉴스의 탐지', '정보의 진실성(information veracity)' 쪽을 굉장히 중시하고 있습니다. 또 최근에는 '사회적 행복(social well-being)'과 '책임감(accountability)' 쪽도 주목하고 있습니다. 인간 중심 AI(human-centered AI)도 함께 고려되고 있는데, 서로 다른 여러 가치들 모두가 뉴스에서 굉장히 중요하게 다루어져야 할 것 같습니다.

여기에서는 그중에서도 특히 가짜 뉴스에 관련된 최근 이슈에 대한, 국제적 트렌드를 소개해 보겠습니다.

최근 인포데믹이라는 단어가 신조어로 유행하고 있습니다. 인포데믹(infodemic) 현상은 단지 가짜 뉴스가 많이 퍼진다는 게 아니고 '가짜와 진짜가 너무 많다 보니 도대체 어느 게 진짜인지를 구분할 수 없을 정도의 정보 과부하 상태'를 말합니다. 가짜 뉴스를 판별하기 위해 굉장히 많은 전산학적·계산학적 방법들이 나왔고, 제가 소개할 연구도 그중 하나입니다.

가짜 뉴스를 판별하기 위해 제가 주목했던 지점은 바로 '네트워크 연결'이었습니다. 사용자가 접하는 정보 하나하나는 진짜인지 가짜인지 판별하기 힘들지만, 네트워크에서 퍼지는 패턴을 보면 가짜는 산발적 구조를 가집니다. 아래의 왼편 그림은 하나의 가짜 뉴스가 유포되는 패턴인데, 각 점은 사용자를 의미하고 서로 리트윗을 하거나 코멘트를 달면 사용자 사이가 선으로 연결된 네트워크 구조를 이룹니다. 반면 가짜 뉴스는 공유가 많이 되더라도 상대방이 대답 없이 조용히 보는 경우가 많아 점조직처럼 산발적인 네트워크 형태를 보입니다.

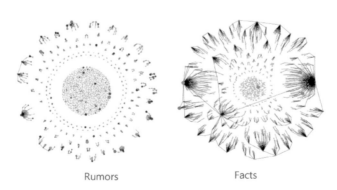

Rumors   Facts

가짜 뉴스(좌)와 진짜 뉴스(우)의 확산 패턴 차이
(Kwon et al. 《ICDM》 2013에서 재인용)

AI, 세상을 만나다

전파 네트워크는 참여하는 사용자의 팔로워 수에도 영향을 받습니다. 정보가 공유될 때 팔로워 수가 많은 인플루언서가 몇 명 포함된다면 그들을 중심으로 모두 상호 연결되어 거대 연결 요소(giant connected component)가 형성되겠죠. 이렇게 정보 하나가 퍼지는 패턴을 실시간 분석하며 해당 네트워크의 특징(feature)을 머신러닝으로 학습시킨다면 가짜와 진짜 뉴스를 빠르게 구분할 수 있습니다.

물론 알고리즘이 이렇게 판별했다고 반드시 가짜 뉴스라고 생각하면 안 됩니다. 가짜 뉴스와 유사한 패턴으로 전파된다는 의미이니 인간 팩트체커한테 빠르게 검증할 최우선 점검리스트(high priority)로 넘겨주면 됩니다. 가짜 뉴스의 구분에 있어 과학에 근거한 알고리즘과 인간의 협업 방법이 존재한다는 것입니다.

하지만 이론과 실제는 다른 모습을 가집니다. 다음 그림은 실제 하나의 가짜 뉴스가 유포되는 모습을 페이스북 공유 그래프(share graph)로 보여주고 있습니다.

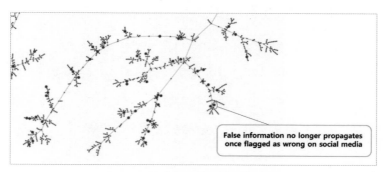

False information no longer propagates once flagged as wrong on social media

페이스북에서 가짜정보가 전파되는 모양
(Friggeri et al., 《ICWSM》 2014에서 재인용)

앞의 그림에서 점으로 표현된 노드(node)는 가짜 뉴스를 공유한 사용자입니다. 가짜 뉴스는 빠르게 그리고 광범위하게 페이스북에서 퍼져 나갑니다. 그리고 누가 댓글에 "이거 가짜 뉴스였어!" 하고 답을 달았을 때만 해당 노드를 빨간색으로 처리해 구분했습니다. 그림을 보면 아시겠지만, 신기하게도 누군가 팩트체크를 언급하면 대부분 그 지점에서 네트워크는 더욱 크게 자라지 않습니다.

이처럼 팩트체크는 분명 효과가 있고 가짜 뉴스를 멈추게 합니다. 하지만 중요한 것은 정보의 전파가 동시다발적으로 여러 군데서 퍼진다는 사실입니다. 따라서 아무리 팩트체킹이 끝난 뒤라도 그것을 계속 반복적으로 찾아가서 태그를 달아주고 없애지 않는 이상 어디선가 가짜 뉴스는 계속 전파됩니다. 마치 컴퓨터 바이러스가 아무리 백신이 나와도 어디선가 계속 퍼지는 것처럼 종식 자체가 힘듭니다.

● 가짜 뉴스, 사후 종식이냐 사전 예방이냐?

그러면 종식을 하지 않아도 되는 다른 방법은 없을까요?

가짜 뉴스는 일단 퍼지고 나면 사후 약방문 같습니다. 이미 퍼지고 나면 게임오버라는 느낌이 굉장히 강합니다. 그렇다면 게임을 시작하기도 전에 미리 예방할 수 있는 방법은 무엇일까요?

가짜 뉴스 연구자들이 이런 고민을 하던 찰나에 코로나19가 시작되었습니다. 당시 가짜 뉴스가 정말 많이 양산되었습니다. 코로나를 상대적으로 먼저 접한 한국에서 놀라운 착안점을 가질 수 있었습니다. 코로나 관련 가짜 뉴스가 나라와 언어에 상관없이 퍼졌는데, 마치 바이러스가 시간 차이를 가지고 전염되듯 가짜 뉴스도 국가 간 전파되었습니다. 유사한 가짜 뉴스가 처음에는 중국, 한국, 대만에서 퍼지다가 그다음으로 이탈리아, 미국 등지에서 시간 차이를 두고 퍼져 나갔습니다. 왜냐하면 바이러스가 아직 오지도 않았는데 가짜 뉴스가 먼저 퍼질 리는 없기 때문입니다.

물론 국경을 넘지 못한 가짜 뉴스들도 있었습니다. 대표적으로 초기 발생 국가인 중국이 그 예입니다. 불꽃놀이를 좋아하니까 불꽃놀이를 하면 대기 중 바이러스가 없어진다는 등 중국에서만 통하는 루머가 퍼졌습니다.

세계로 퍼진 가짜 뉴스	알코올 음료 섭취로 바이러스를 죽일 수 있다
	헤어드라이어로 열을 가하면 바이러스가 죽는다
	마늘, 참기름을 섭취하거나 코에 바르면 예방할 수 있다
	소금물 가글로 예방할 수 있다
	담배의 열기로 바이러스를 죽일 수 있다
	10초 간 숨 참기로 자가진단할 수 있다
중국에만 퍼진 가짜 뉴스	불꽃놀이로 바이러스를 소멸시킬 수 있다
	울금(중국 약재)이 치료에 효과적이다
	베이징 시내가 폐쇄될 것이다

지역별 코로나-19 가짜 뉴스
('루머를 앞선 팩트' 캠페인에서 재인용, https://ibs.re.kr/fbr/)

대부분의 가짜 뉴스는 나라와 상관없이 전파되었다는 공통점을 지닙니다. 저는 당시 전파 시간의 차이에 주목해서 아시아에서 이미 검증이 완료된 가짜 뉴스를 여러 언어로 번역해서 아직 코로나가 심하게 발발하지 않은 나라에 보내면 어떨까 하는 아이디어를 떠올렸습니다. 이미 온라인에서 팩트체크를 본 사용자는 해당 가짜 뉴스를 접했을 때 재미가 없으니까 속지 않겠다 싶은 생각이 들었고, 바로 이 아이디어를 실행에 옮겼습니다. 2020년 3월에 시작했던 '루머를 앞선 팩트(Facts before rumors)'라는 캠페인이 그렇게 시작되었습니다.

당시 처음 겪는 코로나19 상황에 무섭기도 하고 아이들이 학교를 가지 못해 워킹맘 역할을 하느라 정신이 없었지만 다른 연구를 멈추고 이 캠페인을 한 두어 달 정도 진행했습니다. 프로세스 자체는 그렇게 어렵진 않았는데, 대신 많은 사람들의 도움이 필요했습니다. 한국과 중국에서 팩트체크가 끝난 200여 개의 가짜 뉴스를 수집하고, 이를 세계 여러 나라의 언어로 번역해야 했습니다. 다양한 언어를 서비스하는 번역업체를 찾는 것도 쉽지 않았습니다. 그래서 트위터 등을 통해 도움을 요청하는 글을 인터넷에 올렸습니다.

그러자 나비효과가 일어났습니다.

인터넷에서 번역 요청을 본 많은 분들이 번역에 동참해 주셨고, 결국에 캠페인이 20개 언어로 서비스되어 151개국 5만여 명에게 전파되었습니다. 캠페인을 보고 가짜 뉴스를 처음 접하게 되어 피해를 면할 수 있었다며 고맙다는 연락을 세계 곳곳에서 받고 뿌듯했습니다.

논문을 쓰려고 기획한 캠페인은 아니었지만, 수집된 데이터가 워낙 방대하고 상세하다 보니 논문도 나오고 《코로나 사이언스》라는 베스트 셀러에 공저자로 책도 쓸 기회를 얻었습니다. 올해에는 이 캠페인 덕에 과기부장관 표창도 받았습니다. 그래서 힘들지만 뿌듯한 가짜 뉴스 방지 캠페인이 된 것 같습니다.

'루머를 앞선 팩트' 캠페인을 통해 중요한 몇 가지 착안점을 알 수 있었습니다. 캠페인은 팩트체크와 함께 설문지를 전달했는데 '이런 가짜 뉴스가 있는데 이거 본 적이 있나요?', '이거에 대한 팩트체크를 본 적이 있나요?', '앞으로 백신을 맞을 건가요?' 등의 질문을 포함했습니다. 수집된 5만여 건의 데이터에 근거해서 151개 나라별로 팩트체크 노출 비율, 그리고 루머가 얼마나 퍼져 있는지를 알 수 있었습니다.

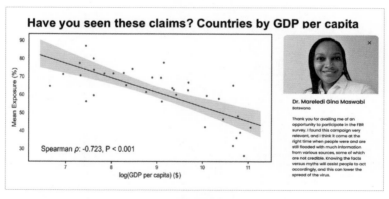

나라별 가짜뉴스의 노출 빈도

위 그림은 왼편의 가난한 나라부터 오른편의 잘 사는 나라 순서로

GDP에 따라 정렬하고 있고, 나라별 가짜 뉴스의 노출 빈도를 보여줍니다. 오른편으로 갈수록 하향 추세를 보이는 그래프는 빈부격차와 루머 노출 사이 비교적 큰 상관관계(correlation)가 있음을 알려줍니다. 즉 코로나19에 대처할 인프라가 부족한 개발도상국이 루머까지도 더 많이 다뤄야 하는, 정말 악재인 것입니다. 캠페인에서 수집된 데이터는 이런 중요한 시사점을 알려줍니다.

두 번째 착안점은 "앞으로 백신이 개발된다면 맞을 의향이 있습니까?"라는 질문에 대한 분석입니다. 그래프의 오른편으로 갈수록 백신을 맞을 의향이 큼을 의미하고, 왼편은 그 반대를 의미합니다.

그렇다면 어떤 요인들이 백신 접종 의향을 높일까요? 기존에 독감 같은 '자발적(non-required)' 백신을 맞은 사람들은 코로나19 백신이 개발되었을 경우에도 맞을 의향이 있다고 응답했습니다. 팩트체크에 여러 번 노출이 된 사람들도 또한 백신을 맞을 의향이 있었습니다.

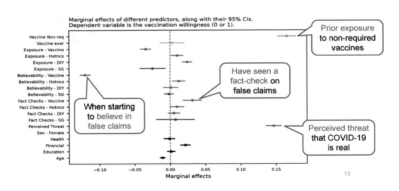

백신 접종 의향과 관련된 설문조사 결과

AI, 세상을 만나다

당시 '코로나19는 감기다. 별거 아니다.'라는 의론이 분분했습니다. 이에 관하여 코로나19가 정말 위험한 감염병이라고 인식하는 응답자들은 백신을 맞을 의향이 컸습니다.

또한 설문에서 가짜 뉴스를 보여주고 그 사실을 알려주지 않은 채 "이 정보를 본 적이 있습니까. 이걸 믿고 있습니까?"라고 물었는데, 가짜 뉴스를 믿는 사람이 몇 퍼센트인지 알기 위해서였습니다. 가짜 뉴스를 이미 믿는다고 응답한 사람들은 백신을 맞지 않을 확률이 현저하게 높았습니다. 팩트체크에 추후 노출되더라도 이들의 의견을 바꾸기란 쉬워 보이지 않아 '비접종자' 그룹이 될 것이라고 예측됩니다. 데이터를 통해 루머가 퍼져나갈 때 사람들이 믿기 전에 팩트체크를 빠르게 전달해야 한다는 것을 알 수 있었습니다.

최근 미국국립과학원회보(PNAS)에서 재미있는 연구가 나왔습니다. 팩트체크가 언제 효과적인가를 파악하기 위해 가짜 뉴스를 보여주기 직전, 가짜 뉴스와 동시에 노출했을 때, 가짜 뉴스를 먼저 노출하고 그다음에 팩트체크를 했을 때로 나누어 실험했습니다. 그랬더니 2주 후에 그 정보를 기억할 확률은 당연히 먼저 속고 나서 반전이 있는 쪽이 높았습니다.

실제로도 반전을 주면 좋겠지만, 현실에서는 사용하기 어려운 전략입니다. 요컨대, 가짜 뉴스만 접하고 팩트체크는 그만큼 재미가 없어서 노출·확산이 많이 안 되기 때문입니다.

팩트체크를 잘 보여줄 스마트한 전략이 필요한 시점입니다. 팩트체크의 효과는 분명합니다. 하지만 언제, 어떻게 줄 것인가, 지속된 팩트체크에 식상해지지 않을 방법은 무엇인가에 대한 더 많은 논의가 필요합니다. 앞으로 인류를 위협하는 중대한 감염병이 또 나타난다면 그때는 중요한 건강 정보를 다루는 핵심 루머에 대한 팩트체크를 '루머보다 앞서 먼저' 보내주는 우리의 전략을 실제로 한번 해 볼 수 있지 않을까 기대합니다.

가짜 뉴스를 다루는 정책에 있어 지난 10년간 큰 변화가 있었습니다. 예컨대, 2019년 신종인플루엔자의 발발과 같은 사회적 위기 현상들이 있을 때 과거에는 소셜미디어 담화가 이상한 사람들의 대화처럼 취급됐습니다. 공공의 여론이 아니고 굉장히 특이한, 그냥 인터넷에서 보여지는 집단의 담화라고 여겨졌습니다. 하지만 이번 팬데믹에서는 달랐습니다. 소셜미디어 담화를 적극적으로 분석하고 활용했습니다. 특히 유니세프(UNICEF) 같은 국제기구에서는 직접 데이터를 마이닝하고, 그것을 소셜 리스닝(social listening)이라고 부르고 있습니다.

한편 가짜 뉴스에 대한 대응책도 주목할 만한데, 다음과 같습니다.

Misinformation Alerts

Explore our archive of misinformation alerts with recommended action steps. The most recent alerts are at the top.

무시 Ignore

● Image Falsely Claims Australia Is Reporting Hundreds of Vaccine-Related Deaths

Recommendation: Ignore
Focus on current communications priorities.
More details +

**주의 관찰 및 대비
Passive Response**

● Post Promotes Fake Tips to Prepare for COVID-19 Vaccination

Recommendation: Passive Response
Be prepared to address if directly asked directly or in certain cases like FAQ's and info sheets.
More details +

**즉각 대응
Direct Response**

● Clinic Sign Denies Entry to Vaccinated People Due to "Shedding" Fears

Recommendation: Direct Response
Directly address this misinformation.
More details +

AI, 세상을 만나다

첫째, 모든 걸 대응하지 말고 대부분은 '무시(ignore)'해라. 왜냐면 다루는 관리자 인력도 제한적이기 때문이다.

둘째, 일부 정보는 '주의관찰(passive response)'로 대응해라. 예컨대 FAQ(Frequently Asked Questions) 같은 곳에 올려라.

셋째, 백신 접종 의사를 낮출 만한 정보들이 있다면 거기에는 '즉각 대응(direct response)'하고 연예인을 포섭하든 지역 종교 지도자를 포섭하든 수단과 방법을 가리지 않고 반드시 다뤄라.

이렇게 세 가지로 구분을 하고 있는데, 어떤 종류의 정보가 '즉각 대응', '주의관찰', '무시'로 각각 처리되었는지를 정기적인 리포트로 보여주고 있습니다. 메일링 리스트에 들어가면 누구나 〈유니세프 리포트〉를 받아 볼 수 있습니다.

한 두어 달에 한 번씩 '이런 정보는 무시', '이런 정보는 주의관찰', '이런 정보는 즉각 대응'하는 지침을 주면 나라마다 거기에 맞춰 정확하게 똑같진 않겠지만 유사한 분류가 가능합니다. 그래서 '어떻게 대응하라, 어떻게 하라'는 가이드까지 잘 주고 있습니다.

이처럼 소셜 리스닝에 대한 관찰기관(observatory)까지 나온 상황이고 보니 옛날에 소셜미디어 분석을 처음 시작할 때만 해도 '이상한 사람들의 정보를 보는 일'이라고 취급받던 것과 달리 10년 만에 굉장히 놀라운 변화가 일어났다는 생각이 듭니다.

또 재미있는 연구 중 하나는, 안티 백신 그룹이 너무 왕성하게 활동하고 있고 백신을 옹호하는 사람들은 그렇게 왕성하지 않기 때문에 안티백스(anti-vaxx)가 2030~2032년쯤 되면 그냥 프로백스(pro-vaxx)를 넘어서게 될 거라는 우려에 대한 논문이 《네이처》에 나왔습니다. 분석도 굉장히 재미있고 볼 것들도 많습니다.

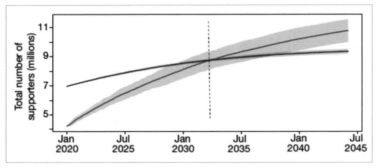

백신 지지자와 백신 옹호자의 증가 추세
(Johnson et al. 《Nature》 2020에서 재인용)

● 인간의 감정 변화를 살피는 AI

코로나19가 사람들의 감정변화에 미치는 영향을 본 연구들도 있는데, 그중 하나를 소개하겠습니다. 시민들이 팬데믹으로 인해 '외상후스트레스장애(PTSD)'처럼 부정적(negative) 감정변화를 겪었다는 기사가 난무했는데, 제가 소개할 연구에서는 이러한 기사 내용을 검증하고자 인터넷 사용자들의 감정 변화를 장기 추적했습니다.

트위터 사용자를 대상으로 코로나19 이전에 쓰인 트윗을 분석했습니다. 전체적인 감정적 구성(emotional composition)을 인터넷에 쓰는 글의 감성에 따라 '긍정적(positive)', '중립적(neutral)', '부정적(negative)'으로

AI, 세상을 만나다

나눌 수 있다면, 코로나19 이후에는 과연 모두에게 '부정'이 늘고 '긍정'이 줄었을까요?

코로나19 직후에는 당연히 '부정' 감정이 늘어납니다. 반면 1년이 지난 시점에서 장기적 분석을 해 보면 평소(코로나19 이전) 긍정적인 사람은 여전히 긍정적이고, 중립적인 사람은 마찬가지로 중립적이며, 부정적인 사람은 변함없이 부정적인 것을 볼 수가 있습니다.

똑같은 이벤트가 있을 때 코로나19 이전부터 긍정적이었던 사람은 의료진들한테 감사의 메시지를 보내며 여전히 긍정을 표현할 방법을 찾아냅니다. 반면 부정적이었던 사람은 대부분의 사회적 사건에서 지속적으로 부정적인 면을 찾습니다.

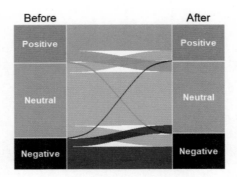

감정적 버블: Covid19 이전 9,493명의 감정적 구성
(Zhunis et al., 《TheWebConf》 2022에서 재인용)

결국 사람들이 가진 기본 '정서적 감정가(emotional valence)'라는 건 굉장히 오랜 기간에 걸쳐 만들어지며, 매일매일은 감정이 변할 수 있지

만 개인마다 평균치가 있어서 그 감정적 '버블(bubble)' 안에서 외부 자극과 사건을 해석하는 것 같다는 결론을 낼 수 있었습니다.

이 연구는 개인적으로 저에게도 다시 한번 자신을 돌아보게 했습니다. '내가 미래에 나이가 들어서도 좀 긍정적이고 재미있으려면 지금 당장이라도 그렇게 살아야 하는 것 아닐까?' 하는 생각을 들게 해 준 연구였습니다.

그런 면에서 알렉사 혹은 여러 챗봇들이 AI 스피커 형태로 일반 사용자의 삶에 스며들고 있고, AI 셋톱박스가 우리 대화를 듣고 있는 현 상황을 떠올려 보게 됩니다. 심지어 자동차도 우리와 대화를 하려고 합니다. 예를 들어 현대자동차에서도 자연언어처리(NLP) 연구를 활발히 하고 있고, 미래에는 자동차 운행 자체도 운전대가 아닌 말로 하는 방식으로 바뀔 것이라 합니다.

AI 기술은 우리에게 어떤 정신적 지지(emotional support)를 해줄 수 있을까요? 어떻게 하면 어린이와 청소년들에게 좋은 감성(emotion)을 부응(response)해 줄 수 있을까요?

미래에 친구보다도 더 많이 대화할 상대는 바로 AI 챗봇이 될 것입니다. 실제로 인간 상담자가 아닌 가상인간(virtual human)에게 마음을 털어놓는 게 오히려 더 편하다고 말하는 사용자들이 있다는 놀라운 결론의 논문들이 나오고 있습니다. 일본 게이트박스에서 나온 홀로그램 스피커 속의 가상인간에게 매달 '생활비'를 보내고 '결혼'까지 하는 트렌드를 보면 AI와 인간의 감정교류에 새로운 장이 열린 것 같습니다. 특히 젊은 세대에서 더더욱 그런 가능성이 보입니다. 따라서 AI 챗봇이 부정 감성을 사회에 만연시키거나 거짓정보를 주지

　　　　　　　　　　　AI, 세상을 만나다

않도록 더욱 조심해야 할 것입니다.

● 가짜뉴스, 누구의 책임인가?

마지막으로 짧게 소개할 연구는 가짜 뉴스가 누구 책임인가에 대한 것입니다. 이 질문에 대해 흔히 뉴스 미디어는 소셜 플랫폼을 비난하곤 합니다. 그런데 저의 최근 연구에서 설문조사 결과 인터넷 사용자들은 놀랍게도 대부분 '사용자'가 가짜 뉴스의 생성과 전파 모두에 있어 가장 큰 책임을 지닌다고 응답했습니다. 하지만 '나 자신'이 책임이라고 응답하기보다는 '다른 사용자들'이라는 표현을 많이 썼습니다. 즉 가짜 뉴스 문제에 있어서 자신들 역시 '이해당사자(stakeholder)'임을 알고는 있지만, 정작 '내 잘못은 아니야'라는 생각을 많이들 하고 있다는 사실을 설문을 통해서 발견했습니다.

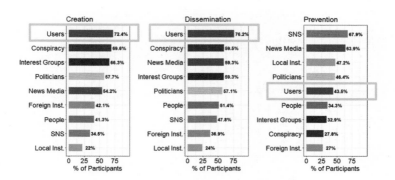

가짜 뉴스 유포에 대해 70% 이상의 답변이 '사용자',
즉 '다른 사용자' 책임이라고 답변. (Lima et al., 《CSCW》 2022에서 재인용)

또 사용자들은 가짜 뉴스의 전파 방지에 있어 소셜미디어(1순위), 뉴스미디어(2순위)가 가장 큰 책임이 있다고 했습니다. 이렇게 가짜 뉴스의 생성, 전파, 방지의 측면에서 책임소재에 대한 인식을 알아볼 수 있습니다.

이처럼 모든 이해당사자들은 책임을 회피하려고 합니다. 그래서 앞으로 가짜 뉴스에 대해서는 '공동책임(joint accountability)' 같은 프레임워크를 만들어야 한다는 아이디어를 생각해 볼 수 있습니다.

가짜 뉴스는 전 세계의 중요한 문제로 대두되었습니다. 민주주의를 해치는 위험 요인이 되기도 하고, 사회 그룹 간 간극을 넓히고 있습니다. 따라서 이런 가짜 뉴스의 해결을 위해 빅데이터와 AI, 그리고 데이터 과학 방법론이 사용되고 있는 다양한 예시를 살펴보았습니다.

앞으로 AI 데이터 전략은 뉴스를 중심으로 무궁무진하게 개발될 것입니다. 미래의 뉴스는 AI와 접목해 사용자에게 더욱 맞춤형으로 다가가고, 중요한 양질의 정보를 빠르게 제공하며, 사회에서 긍정적 소통을 늘리는 서비스가 되길 기대합니다.

-차미영(KAIST 전산학부 교수)

AI, 사회복지에
어떤 도움을 주게 될까?

인공지능(AI)과 관련된 사회적 관심은 주로 "AI는 미래의 먹거리다." 아니면 "이것을 잘해야지 우리나라가 살아남을 수 있다."와 같은 경제적인 관심이 주를 이룹니다.

대기업, 스타트업은 AI를 활용해서 이윤을 창출할 수 있는 일을 해보려고 합니다. 그런데 이러한 관심과 논의는 주로 민간 부문의 담론이고, 저는 사회복지학, 그 안에서도 공공 부문에 대해 논의하려고 합니다. 공공 부문에서 사회복지와 관련되어 AI가 어떻게 활용되고 있는지 살펴보겠습니다.

● 사회복지란 무엇인가?

사회복지란 무엇인가를 설명할 때 어디서부터 시작해야 할지가 항상 고민입니다. 특히 제가 KAIST에 부임한 지 9년째지만, 여전히 KAIST에서 사회복지학이라는 학문은 굉장히 낯선 존재인 것 같습니다.

요즘 '인간 중심 공학'이 부각되면서 '인간 중심(human-centered)'이라는 단어가 자주 사용되고 있습니다. 저는 사회과학 분야에서 가장 인간 중심의 가치를 지향하는 학문이 사회복지학이라고 생각합니다. 아울러 인접분야로는 보건학(public health)이 사회 불평등에 대한 연구를 활발히 하고 있습니다.

사회복지학의 가장 큰 매력은 '해결책'을 제시한다는 점입니다. 사회과학의 다른 학문들은 주로 사회문제의 메커니즘을 고민합니다. '왜 이런 일이 일어날까'를 주제로, 예를 들어, '왜 불평등이 심해질까?', '왜 가난한 사람은 빈곤에서 벗어나지 못할까?' 등의 문제를 고민하며 메커니즘을 파악하고 이해하려는 연구에 초점을 맞추는 경향이 있습니다. 반면에, 사회복지학은 궁극적으로 '해결책'을 찾고자 합니다. '여러 해결책 중 어느 해결책이 가장 효과적인가?'를 고민합니다. 그래서 사회복지학 커리큘럼은 정책 및 프로그램의 효과성 검증 및 평가(evaluation)에 대한 내용을 포함하고 있습니다. 여러 해결책의 장단점을 분석하고 이에 대한 근거를 기반으로 대안적인 해결책을 제시한다는 점에서 사회과학 분야 중 가장 응용적(applied) 성향을 띠며, 공학과의 연계 가능성도 큰 학문이라고 하겠습니다.

사회복지학에서는 사회문제를 해결하는 실천 방식을 크게 세 가지로 분류할 수 있습니다. 첫 번째는 임상 · 서비스라고 지칭하며, 사람에게 직접 접근하여 상담하고 문제를 종합적으로 이해한 후 대상자에게 자원을 연계하는 방식입니다. 미국에서는 사회복지사의 이런 역할을 '사례관리(case management)'라고 합니다. 예를 들어, 아동학대 피해자, 빈곤노인 등 도움이 필요한 사람들을 직접 만나서 상담하고 필요한 사회 서비스를 연계해줍니다.

두 번째는 정책적 접근입니다. 저는 사회복지정책학을 전공했는데, 여기에는 복지국가론, 연금, 건강보험, 산재보험, 고용보험, 국민기초생활보험 등 사회보장 제도 정책이 포함됩니다. 정책은 사회의 다수에게 영향을 미치는 제도, 특히 복지국가 및 사회보장 분야의 정책과 제도에 대해 연구하고 실천합니다.

그리고 세 번째로 '메조(meso-)'라고 하는 사회복지행정 분야가 있습니다. 사회복지 분야의 정책이 변경되면, 이러한 변화는 여러 전달체계를 거쳐서 프론트라인(frontline)에서 시행되는 사회복지사의 실천까지 영향을 미칩니다. 그리고 이 과정에서 고려해야 할 많은 관계자와 조직구조가 있고, 이에 대해 연구하고 실천하는 분야입니다.

이렇게 사회복지학 분야의 실천 방식은 세 가지입니다. 그리고 이를 좀 더 쉽게 설명하면 프론트라인에서 한 명 한 명을 도울 것이냐, 아니면 프론트라인에서 한 걸음 떨어져 뒤에서 큰 그림을 보며 정책을 바꿀 것인가 등 실천 방식이 다양하다고 하겠습니다. 아울러 사회복지학은 돕고자 하는 대상자에 따라, 아동복지, 노인복지, 장애인복지 등으로 영역이 나뉘어 있습니다. 따라서 임상·행정·정책과 중점을 두는 대상자에 따라 사회복지학 내에서도 전문 영역이 다양하게 결정된다고 하겠습니다. 예컨대 저는 노인복지 정책을 전공한 사람입니다. 그러면서도 기술을 접목해서 노인복지 정책 분야의 문제를 해결하고 또 고민해야 하는 주제에 관해 연구하고 있습니다.

사회복지학은 구체적인 현실에 개입해 현실을 변화시킨다는 점에서 다른 학문과는 조금 다릅니다. 제가 미국에서 교수 생활을 할 때 선배 교수님들은 저에게 연구실에만 있지 말라고 하셨습니다. "현장에 가야 된다. 우리 학문은 책상에 앉아서 한다고 되는 학문이 아니다."라는 조언을 많이 받았습니다. 특히 미국에서는 사회복지 관련 사업들이 지방정부 행정단위인 카운티(county)를 중심으로 활발하게 진행되어 지방정부와 협업해서 연구를 진행하는 경우가 많습니다. 따라서, 중점 연구 분야도 미국의 주별, 도시별로 지역색을 띄어서, 특정 사회문제가 가장 심한 지역에 있는 대학이 해당 분야의 사회복지 연구에 강세를 보이는 경향이 있습니다.

예를 들어, 노인 관련 연구는 은퇴한 노인들이 많이 거주하는 남부 또는 오대호 주변의 중서부 주에 위치한 학교에서 활발히 하고 있고, 이민자에 관한 연구는 이민자의 비율이 높은 동부와 서부 대도시의 학교에서 활발히 하고 있습니다. 저는 오하이오 클리블랜드(Cleveland)에 있는 케이스웨스턴리저브대학(Case Western Reserve University)에서 공부하였는데, 클리블랜드는 미국에서 가장 빈곤이 심각한 도시여서 빈곤에 대한 연구가 긴 역사를 가지고 있습니다. 특히 이 대학의 연구센터는 사회복지학과 지리학을 접목하여 빈곤에 대한 지역조사를 기반으로 사회지표를 매핑(mapping)하여 오픈데이터 기반으로 지역사회의 빈곤을 분석하는 연구로 잘 알려져 있습니다. 따라서 사회복지학은 지역사회와 밀착되어 있고, 연구 자체가 시간성과 지역성의 특성을 바탕으로 변화하는 사회와 긴밀한 호흡을 기반으로 하고 있어서 현장에 가야 한다는 성격을 지니고 있습니다.

AI, 세상을 만나다

● 사회복지, 어떠한 변화를 겪고 있나?

'복지'라는 단어를 이야기하면 떠올리는 이미지가 있는데, 한국 사회에서는 미디어의 영향인지 '복지국가' 하면, 환한 미소로 자전거를 타면서 '우리나라가 제일 행복해요.'라는 듯한 표정을 짓는 북유럽 사람들의 모습이 연상되곤 합니다. 그에 반해 우리는 세계행복보고서가 발표될 때마다 '한국은 왜 이런가'에 대한 탄식과 함께 '우리는 과연 어떻게 복지국가를 만들 수 있을까?' 하는 문제가 사회적 이슈로 떠오르기도 합니다.

저도 20대에 그런 고민을 많이 했던 것 같습니다. 유럽을 배낭여행 하면서 왜 우리 한국은 좀 더 행복할 수 없는지 고민했습니다. 물론 그때는 그게 복지국가의 개념이라는 생각은 못 했습니다. 지금 한국은 OECD 국가 중 노인 빈곤율 1위인데, 그 이유는 근본적으로 사회보장제도의 문제입니다. 연금제도의 역사가 다른 OECD 국가들에 비해 상대적으로 짧고, 직업력에 따라 보장률의 차이가 크기 때문입니다.

대개 국가를 분류할 때 두 가지를 기준으로 나눕니다.

첫 번째는 "국가가 얼마만큼 기능이 많은가?"입니다. 아주 기본적인 치안 정도만 하는 국가가 있는 반면, 보다 확대된 기능을 하는 국가가 있기도 합니다. 예컨대 북유럽의 경우 노년기의 돌봄은 개인의 책임이 아니라 사회의 책임으로 노인돌봄에 대한 국가의 역할이 큽니다.

두 번째는 "권력이 얼마만큼 분산됐는가?"입니다. 이에 따라 권력이 소수에 있는 국가와 구성원 전체에 개방돼 있는 국가로 나눌 수 있습니다.

구분		국가권력의 구성과 행사	
		폐쇄적·권위적	개방적·민주적
국가 기능	기본적 기능	1. 정복·약탈국가	3. 민주국가
	실체적 기능	2. 발전국가	4. 복지국가

(출처: 성경륭·김태성(2014), 복지국가론, 나남.)

이렇게 두 개의 축을 기준으로 국가를 네 가지로 분류하면, 기본
적인 기능만 하고 폐쇄적이며 권위적인 경우 '정복·약탈국가', 기
능은 확대되었는데 권력이 한곳에 집중돼 있는 경우 '발전국가', 기
능 측면에서 기본적인 것만 하면서 권력이 개방되어 있는 경우 '민
주국가', 마지막으로 권력도 개방돼 있고 기능도 많은 경우 '복지국
가'로 분류합니다.

한국은 정복·약탈국가로부터 발전국가를 거쳐 민주국가에 도달
했고, 이제 다음 단계로 복지국가로 향하는 방안을 고민하고 있다고
할 수 있겠습니다. 민주국가에서 복지국가로 변화되는 고민을 하는
중요한 시점인 90년대에 한국은 불행하게도 IMF 경제위기 때문에
큰 반전을 맞이합니다. 이 때 IMF 경제위기로 복지국가를 향한 많은
구상과 제도들이 실현되지 못하게 되었습니다.

이처럼 복지국가가 발전해가는 데에는 사회·경제·역사적 요소
가 크게 영향을 미치는데, 앞서 한국 사회의 복지에 영향을 미친

AI, 세상을 만나다

IMF처럼 서구에서는 1970년대 오일쇼크가 큰 반전을 불러옵니다. 예를 들어, 대표적인 복지국가인 노르웨이에서는 사회복지 지출액이 꾸준히 증가하다가 70년대를 기점으로 침체기를 경험합니다. 오일쇼크 때 중동 전쟁으로 인해 석윳값이 70% 올랐고, 뉴스 미디어에 보도되었듯이 기름이 없어서 말이 자동차를 끌고 가는 사회로 회귀하는 상황을 경험하게 되었습니다. 이러한 경제위기에 직면하면서 사회에서는 복지국가에 대해 의문을 품으면서, 보수적인 회귀의 물결이 일어났었습니다. 하지만 이런 위기의식 속에서도 복지예산이 마이너스로 회귀한 것은 아니고, 증가하던 복지예산이 주춤하는 현상을 보이는 정도였습니다.

복지국가를 연구하는 연구자 사이에서는 복지국가가 앞으로 어떻게 변할 것인가가 주된 화두입니다. 복지국가, 이에 따른 정책이 얼마만큼 변할 것인가에 대해 의견은 분분합니다만, "재정비는 확실하다"라는 것에는 모두가 동의합니다. 특히, 글로벌 기업의 영향력이 커지면서 국가의 자본과 자원의 이동에 대한 통제력이 약화되며 인공지능과 관련된 사적 시장이 확대되고 있는 현재, 이는 복지국가에 어떤 영향을 미칠 것인가가 주된 고민입니다.

● AI는 공공 영역에 어떻게 도입되고 있나?

'효율(efficiency)'과 '최첨단(leading edge)'에 대한 담론에서 항상 빠질 수 없는 것이 과학기술입니다. 사회복지 영역에서도 과학기술에 대한 관심이 높아지고 있고, 이러한 관심은 기술을 사용하여 복지영역에서 제공하고자 하는 서비스를 제한된 자원을 활용해 보다 효율적이고 효과적으로 실천할 수 있지 않을까에 대한 고민입니다. 이때 AI가 등장합니다.

사회의 분야를 구분해 보면 세 개의 섹터로 나눌 수 있습니다. 공공 영역(public sector)은 정부, 사적 영역(private sector)은 기업들, 그리고 시민사회(civil society)입니다.

AI는 주로 사적 영역(private sector)에서 활용되고 논의되어 왔습니다. 아마존, 구글 등 글로벌 기업에서 개발하고 제공하는 기술 혁신이 이제는 공공 영역(public sector)으로 옮겨가고 있습니다. 그럼 과연 어떻게 옮겨가고 있을까요? 사회는 어떤 비용과 노력을 줄이면서도 원하는 결과를 얻고 싶어 하는 걸까요?

대표적 분야 중 하나가 바로 범죄 예측입니다. 범죄를 통제하고, 예측하며, 대응하는 데는 많은 비용이 듭니다. '컴파스(Correctional Offender Management Profiling for Alternative Sanctions)*'에 대한 이야기는 한 번쯤 들어보신 적이 있을 것입니다. 미국에서 시도한 시스템인데, 한 번 범죄를 저지른 사람들의 재범률이 얼마나 될지 예측하는 프로그램입니다.

---

* 미국 노스포인트사가 개발한 알고리즘. 범죄자의 재범 가능성을 예측하는 알고리즘으로 미국의 일부 주 법원에서 피의자 구속 심사나 형량 결정에 이용됐다.

AI, 세상을 만나다

물론 결정적 자료는 아니고 참고 사항입니다. 중요한 점은 이 알고리즘을 어떤 기관이 개발했냐는 것인데, 스타트업 기업입니다. 기업에서 개발한 알고리즘을 가지고 컴파스에서 활용해 재범 확률을 점수화했습니다.

위의 자료에서 보듯이, 재범률을 예측했을 때 그림의 오른쪽 인물은 "높은 위험성(high risk) 10"이라고 나오고 왼쪽 인물은 "낮은 위험성(low risk) 3"이라고 나옵니다. 이처럼 컴파스를 참조한 형량 결정이 인종차별적 결정을 내린다고 미국의 비영리언론사인 《프로퍼블리카(ProPublica)》는 보도하면서 알고리즘으로 인해 자동화된 불평등에 대한 사회적 논의가 확대되었습니다. 즉, 인종 차별적인 사회에서는 데이터도 인종 차별적으로 수집되고, 이를 기반으로 훈련된 알고리즘 역시 그걸 강화하게 되면 결국에는 차별이 심화되는 결과로 나타납니다.

또 한 가지 사례는 AI를 활용해서 아동학대를 대응 및 예방하려는 시도입니다. 호주나 미국, 그리고 한국에서 시행하고 있지만, 세부적 방식에서는 차이가 있습니다.

미국의 아동학대 예측 알고리즘은 신고에 대한 '방문 판단'을 결정할 때 참조합니다. 가령 아동학대 신고가 들어오면 담당자가 가서 확인할지 안 할지를 결정해야 합니다. 미국에서는 신고가 상대적으로 흔한 문화다 보니 신고 건수가 많아서 실제로 방문해야 하는 심각한 사건인지 아닌지 판단해야 하는데, 판단이 쉽지 않은 경우가 많습니다. 우리 사회는 누군가의 과실로 인해 사망한 피해자, 특히 사회적 약자가 피해자인 경우에 크게 분노합니다. 미국 사회에서도 아동학대 신고가 들어왔는데 위험도가 낮다고 판단해 방문하지 않아 결국에는 피해자가 사망한 사례가 있습니다. 이러한 사건들을 계기로 어떻게 하면 위험도를 판단하는 법을 개선할 수 있을지 대안을 모색했습니다. 그리고 신고가 접수되면 해당 건의 관련 데이터를 연결하여 위험도를 AI로 계산하는 방법을 시도하게 되었습니다. 위험도는 수치와 함께 쉽게 이해할 수 있도록 색깔을 다르게 표현해 보여줍니다. 이에 따라 콜센터에서 신고를 접수하는 담당자가 개인의 판단이 아니라 데이터를 참고해 결정할 수 있게 하였습니다.

이 시스템은 처음에는 'Rapid Safety Feedback'이라는 사기업에서 개발했습니다. 처음에 도입될 때는 몇몇 주의 지방정부에서 아동복지 시스템에 이 AI기반 알고리즘을 활용했습니다. 그런데 이 시스템 도입에 대해 여러 논란이 있었습니다. 왜냐하면 기업에서 알고리

즘을 공개하지 않고 비밀에 부치면서 그로 인한 차별에 대한 문제의
식이 많았기 때문입니다. 아울러 이 시스템의 정확도도 낮았습니다.

그래서 새롭게 제안된 시스템은 학교에 적을 둔 교수 두 명이 이윤
추구가 아니라 공익을 위한 목적으로 알고리즘을 개발했습니다. 그
리고 개발 후에도 알고리즘을 공공에 개방하고 데이터 편향성에 대
해서 계속 점검했습니다. 이 시스템은 현재까지 사용되고 있지만,
여전히 사회적으로 '자동화된 불평등'에 대한 논의는 계속되고 있습
니다.

● 공공 영역에서 AI를 활용할 때 어떤 고민을 해야 할까?

공공 영역에서 AI를 어떻게 활용할 수 있을까요?

Fig. 6. Research framework for AI solutions for the public sector.

(출처: de Sousa, W. G., de Melo, E. R. P., Bermejo, P. H. D. S., Farias, R. A.
S., & Gomes, A. O. (2019). How and where is artificial intelligence in the public
sector going? A literature review and research agenda. Government Information
Quarterly, 36(4), 101392.)

앞의 그림은 공공 영역에 AI를 적용해서 해결책을 모색할 때 고려해야 할 주요 요소들을 정리하고 있습니다. 하단에는 AI의 다양한 기술들이 제시되어 있고, 상단에는 정부의 주요 기능이 표기되어 있습니다. 상단에 제시된 정부의 주요 기능은 OECD(2011) 자료를 기준으로 다음과 같이 10개입니다.

- F1) 일반 공공서비스
- F2) 공공질서와 안전
- F3) 방위
- F4) 경제문제
- F5) 환경보호
- F6) 주거와 지역사회 시설
- F7) 건강
- F8) 레크리에이션, 문화와 종교
- F9) 교육
- F10) 사회보호

공공 영역에 AI가 적용되는 데에 전반적으로 영향을 미치는 AI 관련 정책과 윤리적 실천은 왼쪽에 표기되어 있고, 공공서비스를 지원하는 AI기반 해결책의 목록이 총 22개 제시되어 있습니다.

이 중 앞에서 설명했던 예에 적용되는 해결책에는 '의사결정 및 우선순위 결정 지원(support for decision and prioritization)'과 '범죄 예측 및 평가(crime prediction and assessment)'가 해당된다고 할 수 있겠습니다. 이번 강연에서 다루지는 않았지만 AI가 활발하게 적용되는 공공 영역으로는 '교통 분석(traffic analysis)', '대중교통 측정 및 최적화(measurement and optimization of public transport)', '질병 예측(disease prediction)', '에너지 소비 측정 및 최적화(measurement and optimization of energy consumption)' 등도 있습니다.

한국사회에서는 데이터가 표준화 및 많이 누적된 분야, 특히 도시

AI, 세상을 만나다

인프라 관련해서 AI 적용 사례가 많습니다. 그런데 사적 영역과 공공 영역에 AI가 도입되는 데는 어떤 차이가 있을까요?

사적 영역에서 사람들은 소비자입니다. 개인이 돈을 주고 사고, 개인이 소유 또는 소비합니다. 그런데 공적 영역에서 나의 선택이 개입되기란 쉽지 않습니다. 주어진 조건과 환경을 받아들여야 합니다. 개인은 시민의 한 사람이고, 정부는 경쟁기관 없이 독자적인 위치에서 공공 서비스를 제공합니다. 예를 들어, 통신사에서 제공하는 미아 방지 서비스를 돈을 내고 신청해서 소비자로서 사용하는 것과 아동학대 예방을 위해 정부 복지서비스 데이터를 기반으로 학대 위험도가 높다고 판단되어 내 가정에 담당자가 방문하게 되는 것은 다릅니다. 기존에 기업에서 제공하는 민간재로서의 서비스가 공공 영역으로 넘어올 때, '여전히 비슷한 서비스이겠거니⋯.'라고 생각하기 쉬운데, 영역에 따라 가지고 있는 특성은 매우 다릅니다.

공공 영역에서 AI가 활용되는 장점으로는 효율성의 증대, 즉 목표를 달성하기 위해 필요한 시간, 자원의 절약을 들 수 있겠습니다. 하지만, AI에는 사회적인 편견, 불평등 등의 위험성이 내포되어 있습니다. 그리고 기업이 잘못하는 것과 정부가 잘못하는 것은 굉장히 다를 수 있습니다. 따라서 공공의 영역에서, 소비자가 아니라 시민으로서 받게 되는 불평등을 과연 우리가 어떻게 바라봐야 하는가, 또 공공 영역에서 가장 지켜야 할 가치는 무엇인가에 대한 고민이 필요합니다.

아울러, AI가 공공 영역에 적용되는 사례가 늘고 있는데, 복지 분야에서 인간의 의사결정보다 인공지능의 의사결정이 더 정확하다는 증거가 충분히 누적되지 않아서 이에 대한 연구가 시급한 상황입니다. 복지의 재편에 대한 관심과 함께 세금을 좀 더 효율적으로 사용하기 위해서 복지분야에 AI를 활용해야한다는 논의가 있습니다. 하지만 이러한 논의의 정당성을 뒷받침할 증거는 아직까지 별로 갖추지 못한 상태입니다.

이러한 분야에서 KAIST의 리더십과 연구가 필요하다고 생각합니다. KAIST에서 다학제적 접근으로 인간의 판단과 AI의 판단 중 어느 것이 더 정확한가, 의미 있는가, 가치 있는가, 반드시 고려해야 할 윤리적, 사회적, 정책적 측면은 무엇인가에 대해 고민하고, 연구해야 한다고 생각합니다. 앞으로 공공 영역에 AI의 도입 확대는 불가피하다고 생각되는데, 이에 대해 보다 증거기반 정책(evidence-based policy)이 가능하도록 서둘러 연구가 이루어져야 할 것입니다.

−**최문정**(KAIST 과학기술정책대학원 교수)

AI, 세상을 만나다

AI,
어디까지 허용할 것인가?

● 인공지능의 입법화, 왜 필요한가?

인생에 있어서 가장 중요한 시점들은 언제일까요? 예를 들어, 가로축을 시간으로 놓고, 우리 삶의 만족도, 건강, 돈 등을 세로축에 놓은 다음 그래프로 그려본다면 사람들마다 각각의 인생곡선이 나올 것입니다. 그 그래프의 중요 시점마다, 예컨대, 진학, 취업, 결혼을 하거나, 법원, 병원에 가는 등 사소하지 않은 우리 삶의 변곡점들이 있습니다.

그런데 이런 중요한 시점들에 지금은 인공지능이 활용되고 있습니다. 반대로 말하면 태어나서 죽을 때까지 어떤 궤적의 삶을 살게될 것 인가를 인공지능이 결정하게 되는 사회가 점차 도래하고 있는 것입니다. 그뿐만 아니라 아침에 눈을 떠서 잠자리에 들 때까지 모든 시점들에 미시적으로 인공지능이 개입하고 있기도 합니다. 이렇게 보면 인공지능에 대해서 무엇인가 법적으로 규제하는 게 필요할 것 같습니다.

하지만 구체적으로 도대체 인공지능이 어떤 측면에서 그렇게 위험하기에 법적으로 규제를 하려고 하는 것인지, 그 얘기를 짧게 해볼까 합니다.

저는 이 문제에 직면해 우선 우리나라 헌법전을 펼쳤습니다. 헌법 1조부터 쭉 읽어가면서 거기에 규정되어 있는 국민의 기본권 중에서 인공지능이 침해할 위험이 있는 것에는 무엇이 있을까를 살펴봤습니다.

제일 먼저 생각해 볼 수 있는 것은 우리의 생명, 신체에 관한 것들입니다. 자율주행차에 들어가는 영상 인식 시스템이 생명, 신체에 위협이 된다면 너무 당연하게도 인공지능에 대한 안전성 검증 시스템이 필요합니다.

이와 관련해 여론을 환기했던 사건이 있습니다. 2016년도에 메르세데스 벤츠 부사장이 언론과 인터뷰하는 자리에서 벤츠가 만드는 자율주행차는 탑승객들의 안전을 보행자나 다른 차량에 탑승한 사람들보다 우선시하겠다는 이야기를 했습니다. 자동차를 만드는 회사로서는 당연할 수 있는 이야기겠지만, 자사의 차를 구매하는 고객의 안전을 우선 고려하겠다는 속내를 너무 적나라하게 드러낸 발언이었습니다.

우리는 사실 그런 자율주행차를 기대하지 않습니다. 자율주행차 제조회사에 모든 사람의 안전을 맡길 수 없으니 사회적인 규율이 필요하겠다고 생각하게 된 일화였습니다.

AI, 세상을 만나다

취업이나 교육 기회의 부여에 있어서도 인공지능에 맡긴다면 과연 적절하게, 사회적으로 균등하게 배분할 것인가에 의문이 제기됩니다. 이력서를 보고 이 사람이 우리 회사에 인터뷰를 할 자격이 있는지 심사하는 인공지능이라면 지원자들을 차별하지 않을지 검증하는 시스템이 당연히 필요할 것입니다. 그뿐만 아니라 이와 같이 사회적으로 중요한 기회를 배분하는 것이 아니더라도 일상에서 뭔가 지속적인 차별감을 주는 사례들이 발생할 수 있을 것입니다.

예를 들면, 어느 자동 비누 디스펜서 같은 경우에 피부색이 검은 사람이 손을 대면 비누가 안 나오는 일이 있기도 했습니다. 명암에 따라 대상을 식별하는 시스템을 만들었기 때문입니다. 이 기계에 거부당한 흑인이 옆에 있는 휴지를 떼어서 손 위에 올려놓고 디스펜서에 들이밀면 그제서야 비누가 나옵니다. 이런 기계가 어느 회사의 화장실에 설치되어 있다면 이 회사의 흑인 직원들은 내가 이 사회에서 배척당한다는 느낌을 받을 수밖에 없습니다.

소득 재분배의 측면에서도 문제가 될 수 있습니다. 금융기관에서 사용하는 신용평가 인공지능과 같은 것들은 소득 재분배에 있어서 악영향을 끼칠 수 있습니다. 예를 들면, 신용카드 회사가 신용 점수가 높은 사람들로부터 돈을 많이 버는지 아니면 낮은 사람들로부터 돈을 많이 버는지에 대해서 조사한 연구가 있습니다. 그랬더니 신용점수가 낮은 사람들로부터 벌어들이는 이익이 신용점수가 높은 사람들로부터 벌어들이는 이익보다 훨씬 크다는 결과가 나왔습니다. 그리고 심지어 중간 정도의 신용 점수를 가지고 있는 사람들은 오히려 신용카드 회사가 손해를 보고 있었습니다. 이렇게 보면 신용카드 시스템이라고 하는 것은 저신용자로부터 돈을 많이 벌어서 중신용자한테 혜택을 주고 있는 시스템인 셈입니다.

그런데 만약 신용카드 회사에서 인공지능을 이용해 어떤 사람들한테 마케팅을 할지 결정한다고 가정해 봅시다. 해당 인공지능의 목적이 이 신용카드 회사의 이익 극대화라면 당연히 저신용자들을 마케팅 대상으로 삼아야 한다는 결과를 도출할 것입니다. 그러면 이런 인공지능 시스템은 결국 우리 사회 전반에 소득 재분배 차원에서 역진적인 효과를 발생시키게 됩니다.

2019년도에는 애플 카드에서 남성 신청자한테 부여하는 신용 한도가 여성 배우자보다 10배, 20배나 되는 사례들이 발견되어 뉴욕주 금융당국에서 조사했던 경우도 있었습니다. 이 이후로 우리나라 금융위원회에서도 금융 인공지능 가이드라인을 제정하는 작업에 착수했습니다.

우리 사회가 운영되고 조직되는 헌법상의 원리 중에 정말 중요한 것으로 '적법 절차의 원칙'이 있습니다. 정부의 어떤 행정 작용이 어떠한 이유로 결정·집행되었는지에 대해서 법적인 이유를 설명해야 하고, 거기에 대해서 이의를 제기할 수 있는 권리를 부여해야 한다는 게 주요 내용입니다.

그런데 각국 정부에서는 앞으로 행정 각 부문에 인공지능을 적극 도입할 예정입니다. 비용 절감 효과가 크기 때문일 것입니다. 뿐만 아니라 사기업에 의한 AI를 활용한 규율이 굉장히 활발하게 이루어

AI, 세상을 만나다

지고 있습니다. 아마존 같은 곳에서는 이용자가 시스템을 남용하는 것을 막기 위해서 소위 '블랙컨슈머'를 찾아내는 데 인공지능을 씁니다. 그런데 과연 이런 경우 적법 절차의 원칙이 준수되느냐가 문제입니다.

인공지능의 공정성에 관심이 있는 분들이라면 미국의 사법부에서 인공지능을 사용한 것과 관련해 문제가 되었던 '컴파스(COMPAS)'의 사례를 알고 계실 겁니다. 재범 위험성을 점수로 매기는 인공지능입니다. 마치 소프트웨어를 사용해 미래의 범죄자를 예측하던 영화 〈마이너리티 리포트〉와 같은 세상이 구현되는 느낌입니다.

그런데 이 인공지능이 흑인에 대해서 편향되어 있다는 주장이 《프로퍼블리카(ProPublica)》에 실렸었습니다. 이 기사에는 무장강도 전과가 있는 백인 중년 남성과, 경범죄 전과 4건이 있는 18세 흑인 소녀의 사진이 실렸습니다. 하지만 인공지능의 예측 결과 백인 무장강도 전과자의 위험 점수는 3점밖에 안 나왔고 흑인 소녀는 고위험으로 8점을 받았습니다. 언뜻 봐도 뭔가 문제가 있는 것 아닌가 싶습니다. 컴파스 프로그램이 예측한 위험도가 어떻게 분포되어 있는지 보면, 백인은 저위험이 압도적으로 많고 고위험은 거의 없습니다. 그런데 흑인의 경우에는 저위험부터 고위험까지 골고루 나옵니다. 하지만 이런 위험 점수의 분포만 가지고 이 프로그램이 편향되어 있다는 결론을 내릴 수는 없습니다. 해당 사건의 기사를 쓴 기자들도 그런 식으로 결론을 내리지 않았습니다. 왜냐면 미국에서 실제로 흑인들이 범죄를 많이 저지르고 있기 때문입니다. 그저 미국 사회 자체의 문제라고도 볼 수 있는 것입니다.

그런데도 《프로퍼블리카》에서는 컴파스 프로그램이 흑인을 차별했다고 주장했습니다. 그 이유는 해당 프로그램이 인종별로 오류율에 있어서 차이가 굉장히 크다는 분석 결과 때문입니다.

오류율에는 '위양성율(false positive rate)'과 '위음성율(false negative rate)'이 있습니다. 위양성율은 고위험이라고 예측이 되었지만 실제로 재범을 저지르지 않은 비율입니다. 그런데 백인은 위양성율이 23.5%였지만, 흑인은 45%로 거의 2배나 되었습니다.

반대로 위음성율, 즉 고위험인데 이를 제대로 식별해내지 못하고 저위험이라고 예측하는 오류율의 경우 백인은 47.7%임에 반해 흑인은 28%였습니다. 즉 그 프로그램이 백인이면서 사회에 고위험인 사람을 제대로 걸러내지 못하고 있다는 것입니다. 이 기사는 이러한 분석을 근거로 해서 컴파스 프로그램에 문제가 있다고 지적했습니다. 그리고 이후 이 사례는 인공지능 공정성 연구에 있어서 굉장히 중요한 역할을 하게 되었습니다.

한편 더 근본적으로 인공지능이 우리 사회의 민주주의에 위협이 되고 있다는 주장도 있습니다. 민주주의 사회에서는 사람들이 자유롭게 의견을 개진할 수 있어야 합니다. 그런데 콘텐츠 모더레이션 (content-moderation) 알고리즘이 표현의 자유를 제약한다거나 혹은 추천 시스템 같은 것이 사람들이 어떠한 콘텐츠를 볼 것인지를 선별해서 보여줌으로써 일종의 필터 버블(filter bubble)을 만들어낸다는 것입니다. 그럼으로써 결국은 민주주의가 제대로 작동하지 못하게 되는 근본적

AI, 세상을 만나다

인 원인이 되고 있다는 지적입니다.

또 국가 안보에 위협이 될 수도 있다거나 자율살상무기체계(LAWS)의 등장에 따라 사이버 안보 위협이 증가한다는 지적들이 있습니다. 약간 오래된 사례이지만, 빅데이터 분석을 통해서 미국의 국가 안보가 위협받았던 실제 사례도 있습니다.

스마트 워치를 차고 조깅을 하는 미국인들이 상당히 많습니다. 조깅한 루트를 기록해서 사람들과 공유하는 경우가 많죠. 그런데 파병을 나간 미군들이 스마트워치를 그대로 차고 나가서 계속 조깅을 했습니다. 따라서 스마트워치의 조깅 코스 데이터를 분석해 보면 갑자기 아프가니스탄 카불 외곽 지대에 미국 사람들이 조깅하는 코스가 딱 나옵니다. 그러면 '여기에서 왜 미국 사람들이 이렇게나 많이 뛰고 있어? 미군 기지가 여기에 있겠구나?' 하고 알아채 비밀 기지들의 위치가 유출되는 겁니다.

이 대목에서 저는 이런 질문을 드려보고 싶습니다. 지금 당장은 아니더라도 30년, 50년 후에 우리 후손들이 공정한 사회에서 살 수 있을까요?

정답은 "인공지능이 공정한 사회를 만들어낼 수 있느냐에 달려 있다."입니다. 이것이 우리가 인공지능의 공정성에 주목해야 하는 이유입니다. 과거에는 정치가가 잘해서 공정한 사회를 만들어야 인공지능이 공정해지는 것이라는 게 주류적인 관점이었다면, 앞으로는 "인공지능을 만드는 사람들이 공정하게 만들어야 우리 사회가 공정해진다."로 선후가 바뀔 것입니다. 이로 인해 최근 인공지능의 공정성에 대한 관심이 높아지게 됩니다.

인공지능의 공정성을 달성하기 위한 중요한 조치로 뭔가 인간이 추가적으로 개입하는 작업이 필요합니다. 그 필요성을 보여주는 사례로 집단 대표의 문제가 있습니다. 이 문제는 방금 말씀드린 인간의 기본권에 관한 문제와는 좀 차이가 있습니다. 검색 엔진, 기계 번역, 언어 모델 같은 곳에서 사회 집단의 구성원들이 적절하게 대표되고 있느냐 하는 문제입니다. 구글에서 CEO라고 이미지를 검색했을 때 백인 남성들 사진만 나오는 것이 그 예입니다. 또한 인공지능 번역기에서 "그 사람은 의사다."라는 문장을 번역했을 때 "He is a doctor." 라고 번역되고, "그 사람은 간호사다."라고 하면 "She is a nurse."로 번역되는 문제도 있었습니다. 원래 문장에는 그 사람이 남자인지 여자인지 드러나 있지 않은데도 말입니다.

이런 문제들은 사실 헌법상의 권리가 침해되는 차원의 문제는 아니지만, 지속적으로 사람들을 배제, 차별하는 결과를 낳습니다. 거기에 대해서는 사람이 직접 개입해서 바꿔야 합니다. 그래서 지금은 CEO라고 검색하면 여성도 나오고 흑인도 나오도록 달라졌습니다. 구글 번역기 같은 경우에도 이제 "번역이 성별에 따라 달라집니다."라고 표시됩니다. 이런 식으로 인간의 개입을 통해 시스템을 개선해야 합니다.

그러면 인공지능을 어떻게 규율 또는 규제해야 할까요? 사실 몇해 전까지만 하더라도 인공지능 윤리 원칙을 만드는 것이 붐이었습니다. 그래서 국내 한 연구소에서 국내외 인공지능 윤리 원칙들을 쭉

AI, 세상을 만나다

수집해서 데이터베이스화해 공개하고 있는데, 2021년 8월까지 수집된 것이 총 122개나 되었습니다. 우리나라 과학기술정보통신부에서도 인공지능 윤리 기준을 만들었고, 금융위원회에서도 금융 분야 인공지능 가이드라인을 윤리 원칙으로 만들었습니다.

그런데 이런 인공지능 윤리 원칙들의 주요 내용을 보면 좋은 이야기들이 적혀있긴 하지만, 법적인 측면에서 보면 의미가 없다고도 할 수 있습니다. 강제력이 없는, 준수하면 좋고 아니어도 그만인 수준에 그치기 때문입니다. 물론 인공지능을 개발하는 사람들이 이런 윤리 원칙을 보면서 내가 지금 개발하고 있는 것이 이 원칙들을 준수하고 있는가를 생각해 볼 기회를 줄 수 있다는 차원에서 의미가 전혀 없지는 않습니다.

하지만 우리가 보통 '뭔가 문제가 있다. 뭔가를 규제해야겠다.'라고 생각했을 때 '윤리 원칙을 만들어야겠다.'라는 생각은 잘 안 합니다. 그런데 굳이 왜 인공지능 분야에서는 윤리 원칙이 이렇게 범람하게 되었을까요? 바로 인공지능이 초래할 수 있는 위험이 어떠한 수준인가를 적절하게 평가하는 것이 매우 어렵기 때문입니다.

인간은 위험을 잘 평가하도록 진화된 동물은 아닌 듯합니다. 사람들은 사소한 위험에 대해서도 과도한 두려움을 가질 수 있습니다. 가용성 편향(availability bias)* 같은 인간의 인지 편향 때문입니다. 또 선별된 언론 보도를 통해서 정보를 접하다 보니 강렬한 인상을 주는 위

---

* 특정 주제, 개념, 방식, 또는 결정에 대해 평가할 때 마음속에 떠오르는 즉각적인 예시에 기반하여 짐작하는 현상

험에 대해서는 사실 중요하지 않은 문제인데 심각한 문제인 것처럼 착각할 수 있습니다.

반대로 아주 중요한 문제인데도 충분한 두려움을 갖지 못하기도 합니다. 대표적인 사례가 기후변화입니다. 과학에는 근원적인 불확실성이 있기 때문에 확증을 가지려면 해당 케이스가 정말 위험하다고 확신하기까지 시간이 걸립니다. 특히 요즘은 과학마저도 정치적이라 여기게 되어서, 예컨대 백신 무용론자 같은 사람들은 의사들의 권고마저 믿지 않으려 합니다. 그런 상황이니 흔히들 인공지능이 얼마나 위험할 것인지 고려해서 그 위험에 대해 적절한 규제 지점을 찾는 것이 어렵다고 생각합니다. 자칫 규제를 잘못 만들었다가 인공지능 기술 개발에 장애물이 될 수도 있을 것입니다. 그래서 일단 자율규제를 먼저 시작했던 측면이 있습니다.

그런데 이랬던 분위기가 어느덧 점차 바뀌고 있습니다. 무엇보다도 2021년 4월 EU에서 인공지능을 규제하는 법안을 내어 놓았습니다. 현재로서는 아직 논의하는 단계인데, 의회를 통과해서 실제로 적용되기까지는 몇 년 정도 걸릴 수 있습니다.

EU에서도 우선 윤리 원칙을 제정하는 것부터 시작했습니다. 그래서 2019년도에 신뢰할 수 있는 인공지능을 위한 윤리 가이드라인을 발간했습니다. 그리고 다음으로 기업체에서 이 윤리 원칙을 구체적으로 적용할 수 있는 평가항목 리스트(assessment list)를 만들어서 발표했습니다. 그 과정에서 수많은 공중의 의견을 수렴했습니다.

그런데 의견 수렴 결과를 보면 사람들이 EU 차원에서 인공지능을 규제하는 법을 만드는 것에 찬성한다는 의견이 더 많았다고 합니다.

왜 그랬을까요? 규제가 생기면 나쁘지 않나요?

그렇지 않습니다. 오히려 필요한 규제를 해 주는 것이 산업에 도움이 될 때도 있습니다. 만약 EU 차원에서 법을 만들지 않으면 유럽 국가마다 서로 다른 법들이 나오게 되어서 지나치게 규제를 하거나 그 법들 사이에 충돌이 이루어질 가능성이 있습니다. 그러니 AI에 대해 규제가 적용되는지 명확히 규정해서 특정 AI에 대해서는 규정된 의무를 이행하면 되는, 기업 입장에서는 오히려 이것만 지키면 면책이 되는, 그런 효과를 노렸던 면도 있는 듯합니다.

이 법에서 가장 중요한 점은 인공지능의 위험을 4단계로 나누어서 규율하고 있는 것입니다.

1. 수용 불가능한 인공지능은 금지
2. 고위험 인공지능은 많은 의무사항을 적용
3. 제한적 위험에 대해서는 낮은 수준인 투명성 의무만 부과
4. 낮은 위험에 대해서는 어떠한 규제도 없음(대부분의 인공지능은 낮은 위험의 AI에 해당)

물론 인공지능의 위험성을 규제하는 법을 만드는 방식에는 여러 가지가 있습니다. EU 차원에서 고려되었던 한 가지 입법 대안은 인공지능 전부를 하나의 법으로 규율하는 것이 아니라 영역별로 별도의 법을 만드는 방식이었습니다. 가령 채용에 관련된 인공지능을 규제하는 법을 따로 만들고, 금융 인공지능에 적용되는 법은 또 따로

만드는 식입니다. 이처럼 규제 분야를 구별하는 방안도 고려됐지만, 받아들여지지는 않았습니다. 통일된 규제를 만드는 게 낫겠다고 생각했던 것입니다.

그런데 유럽과 달리 미국은 이렇게 영역별로 접근하는 경우가 많습니다. 하지만 이 책에서는 EU의 인공지능법에 초점을 맞춰서 이야기 드리겠습니다.

금지되는 인공지능

우선 EU AI법상 금지되는 인공지능은 인간 행동을 조작하거나 아동, 노약자, 장애인들의 취약성을 공략해서 그 사람들에게 위해를 가할 수 있는 경우, 공공기관이 사회적으로 신용평가를 하는 경우와 같은 것들입니다.

특히 중국의 경우 사회평점시스템을 사용하고 있습니다. 우리가 학교에서 벌점을 주는 형태를 사회 전체로 확장한 것과 비슷합니다. 하지만 이런 사회적 평점 제도는 EU에서 금지됩니다. 애당초 EU에서는 이런 제도를 시행하지도 않을 것입니다만….

그다음에 가장 논란이 되었던 것은 대량 감시시스템(mass surveillance system), 그러니까 공개된 장소에 CCTV를 설치해 놓고 인공지능을 통해 사람들을 감시하는 것입니다. 유럽에서는 이러한 인공지능은 용납할 수 없다는 여론이 매우 큽니다. 그래서 대량 감시 인공지능은 금지되는 인공지능에 포함되었습니다.

다만 예외를 인정하고 있습니다. 말하자면, 완전히 금지되는 것이

AI, 세상을 만나다

아니고 사법 통제의 대상입니다. 그래서 미아를 찾거나, 테러 공격을 예방하거나, 혹은 중범죄자를 찾는 목적으로는 법원으로부터 허락을 받아서 감시할 수 있도록 하는 조항이 들어갔습니다.

고위험 인공지능

다음으로 고위험 AI 시스템의 경우 두 가지로 분류할 수 있습니다. 하나는 안전과 관련된 시스템, 다른 하나는 고위험으로 별도 규정된 AI 시스템입니다.

생명 · 안전 · 국가기간망과 관련된 시스템, 예컨대 아이들이 가지고 노는 장난감, 레저기구, 엘리베이터, 폭발물, 고압기구, 케이블, 의료기기, 민간 항공 안전, 차량, 농 · 임업용구, 해상기구, 철도 등과 관련해서는 기존 규제가 이미 많이 있습니다. 이런 분야에서 인공지능을 활용하면 고위험으로 분류합니다. 따라서 기존의 안전 규제에 더불어 인공지능의 안전성도 추가적으로 확인해야 하는 것입니다.

다음으로 논란이 되고 있는 것은 '고위험 인공지능'이라고 별도로 규정된 것들입니다. 이것들은 생명, 신체에 위험을 가하지는 않지만 사회적으로 위험할 수 있는 것에 해당하는 사례들입니다. 얼굴인식, 홍채인식, 지문인식에 대한 인공지능, 중요 인프라의 관리 · 운영, 교육, 직업 훈련, 고용, 직원 관리, 중요한 민간 공공 서비스 접근 · 이용, 경찰, 이민 및 국경 통제, 사법 업무에서 인공지능을 활용하는 것입니다. 이것들은 새롭게 고위험 인공지능으로 규정되어 있습니다.

고위험 인공지능에 대한 핵심적인 규율은 CE 마크를 붙여서 팔라는 것입니다. 이미 EU 규제를 적용받던 안전 관련 제품의 경우에는 제품 적합성 평가를 거쳤습니다. 그래서 여러분들이 쓰고 있는 가전제품들은 대부분 CE 마크들이 붙어 있습니다.

따라서 이런 경우에는 해당 제품이 EU 규제를 준수하는지를 평가해 주는 평가 기관들이 제품 영역별로 이미 많이 존재합니다. 그런 기관들이 평가해서 오케이 하면 CE 마크를 붙여서 파는 것입니다.

그런데 채용 인공지능, 금융 인공지능처럼 새롭게 고위험 인공지능으로 지정된 경우에는 이 인공지능이 안전한지 평가해 주는 기관이 아직 없습니다. 그럼 어떻게 할까요? 회사가 스스로 인공지능이 어떤 위험이 있는지 평가하고 그 위험에 대한 대비를 했다고 자체적으로 평가를 한 뒤 CE 마크를 붙여서 팔라고 합니다. 우리에게는 아주 낯설면서도 한편으로 재미있는 형태의 규제를 EU가 도입한 것으로 보입니다.

하지만 아마도 기업들 입장에서는 스스로 자신의 인공지능이 문제가 없는지 평가하는 일이 부담될 테니, 앞으로 법이 시행되면 기업들을 대신해서 인공지능 안전성을 전문적으로 평가해 주는 기관들도 많이 생겨날 것이라 예상합니다.

그럼 이제 법이 통과되면 결국 기업의 입장에서는 어떻게 해야 할까요? AI 시스템을 출시하기 전에 내부적으로 감사를 하고 출시하는 작업이 필요하게 됩니다. 예컨대, 챗봇 '이루다'가 편향적 발언을 한 사례를 생각해 볼까요? '이루다'가 이용자와 대화를 나눌 때 편향

AI, 세상을 만나다

적인 발언을 할 위험은 없는지 출시 이전에 내부 감사를 통해 꼼꼼히 확인해야 했습니다. '이루다'의 편향적 발언은 내부 감사가 충분하지 못했던 탓이 큽니다.

그럼 이러한 인공지능 감사는 어떻게 할까요? 회계감사와 비슷하게 생각하시면 됩니다. 회계감사를 할 때 전문성을 갖춘 회계사들이 회사 사람들한테 물어보고 조사하듯, AI 시스템에 대해서도 감사팀 직원이나 전문가가 이해관계자, 경영진, 개발팀 등의 이야기를 듣고, 이 인공지능에 어떤 위험이 있을 수 있는지 조사하는 것입니다. 감사보고서에는 "문제없다", "이러한 위험이 있으니 이러저러한 조치를 취해라." 등의 결과를 내어놓습니다.

마지막으로 기억할 요소는, 이러한 인공지능 감사 절차에 있어서 앞으로 제정될 기술 표준이 중요하게 고려될 것이라는 점입니다. 법은 추상적인 기준을 정해주는 역할을 하고, 결국 그 각각의 요건들을 구체적으로 판단하는 것은 기술 표준에 따라 이루어집니다. 이에 따라 ISO/IEC, IEEE, 그리고 국내 TTA 같은 곳에서 인공지능 안전성에 관한 여러 기술표준이 만들어지는 중입니다.

제한적 위험

이제까지 고위험 인공지능에 대해 길게 말씀 드렸습니다만, 막상 제한적 위험의 인공지능은 많지 않습니다. 우선 챗봇처럼 사람이 인공지능 시스템과 상호작용하는 경우가 있습니다. 이때에는 인공지능과 소통한다는 점을 알려 주어야 하는 투명성 요구 의무가 부과

됩니다.

예를 들어, 여러분이 화상 채팅 앱을 하나 만들었다고 생각해 보십시오. 그런데 이용자가 별로 없습니다. 어떻게 하려고 할까요? 가까운 미래에 사람과 대화하는지 인공지능과 대화하는지 구별할 수 없을 수준이 되었다고 가정해 보겠습니다. 그러면 인공지능으로 가상 이용자를 많이 만들어서 인간 이용자들과 대화하게 시킬 수 있겠지요. 그래야 인간 이용자들이 화상 채팅 앱을 더 많이 사용할 테니까요. 그리고 인간 이용자들에게는 인공지능과 대화한다는 사실을 숨기려고 할 겁니다.

하지만 EU의 AI 법은 그렇게 하지 말라고 합니다. 소통하는 상대방이 AI면 그렇다고 밝혀야 합니다. AI와 대화한다는 사실을 감추는 행위는 허용되지 않고, 반드시 공개해야 합니다.

또 인공지능이 어떤 사람의 감성을 인지하는 것, 생체 정보에 따라서 이 사람이 남성인지 여성인지, 나이가 어떻게 되는지 분류하는 행위 등을 할 때 인공지능 시스템이 여러분들을 보고 판단하고 있다는 걸 반드시 고지해야 합니다. 마찬가지로 딥페이크 같은 경우도 인공지능에 의해 자동적으로 생성되었다는 것을 표시해야 됩니다. AI 생성물 자체에 표시하든, 아니면 따로 고지를 해야 합니다.

하지만 사실 그렇게 높지 않은 수준의 의무입니다. 그저 알려주기만 하면 될 뿐이니까요.

규제가 없는 분야

마지막으로 '나머지 대부분의 AI 시스템'에 대해서는 규제가 없습니다. 예를 들어, 과학 연구에 사용되는 단백질 구조를 밝혀내는 인공지능에 대해서는 어떠한 규제도 없습니다. 사실 AI 규제 법안이 EU의 AI 산업을 다 죽이는 거 아니냐는 비판이 있었습니다. 이러한 비판을 의식해서인지 EU는 대부분의 인공지능은 규제의 적용을 받지 않으니 지나치게 염려할 필요가 없다고 강조합니다.

그런데 벌금이 굉장히 셉니다. 금지된 AI 시스템을 만들거나 데이터에 관한 의무를 위반하면 최대 3천만 유로(원화 약 400억 원), 또는 전 세계 매출의 6% 중 큰 금액을 상한으로 해서 벌금이 매겨집니다. 기타 의무사항을 위반하면 최대 2천만 유로(원화 약 270억 원 또는 전 세계 매출의 4%)라는 굉장히 높은 수준의 벌금이 책정되어 있습니다. 그러니 인공지능을 개발하고 활용하는 기업들 입장에서는 이 법에 관심을 가질 수밖에 없습니다.

이제 결론입니다.

인공지능에 대한 법적 규제가 본격화되고 있습니다. 여기에는 크게 두 가지 흐름이 있다고 할 수 있습니다.

하나는 앞으로 기술 표준이 중요한 역할을 하게 될 것이라는 점입니다. 인공지능이 얼마나 안전한지를 평가할 수 있는 세부적인 기술 표준이 앞으로 많이 나오게 될 것입니다.

그리고 다른 하나는 그 기술 표준을 따랐는지에 대해서 기업이 자체적으로 판단을 해야 하는 부담을 갖게 된다는 점입니다. 결국은 기업들이 자신이 개발, 사용하는 인공지능의 위험성을 스스로 판단하고 대응책을 마련해야 하는 방향으로 나아가게 될 것입니다.

그런데 우리나라 기업들 같은 경우에는 규제자들이 "이거는 해도 되고 이건 하면 안 돼."라고 걸 정해주는 걸 선호합니다. 반대로 스스로 위험성을 평가하는 데 아직 많이 취약합니다. 그런 탓에 '법이 이렇게 모호해서야 되겠느냐?'는 불만을 많이 갖고 있습니다. 이런 태도는 미래의 인공지능 규제와는 맞지 않는 것입니다. 끝으로 여러 기업들은 이제 스스로 인공지능의 위험을 평가하고 대비할 역량들을 자체적으로 높일 필요가 있다는 말씀을 드리고 싶습니다.

—김병필(KAIST 기술경영학부 교수)

AI, 세상을 만나다

AI는 민주주의에
어떻게 기여할까?

● 바꿔치고, 삭제하고, 삽입해서 만드는 새 법안?

미국에서 법안을 만드는 과정에 대해서 잠시 살펴보겠습니다.

하원(house)이나 상원(senate)에 입안된 법안이 온갖 협의나 투표를 거쳐서 법이 될 때까지의 프로세스를 보면 미국에서 1년에 상정되는 법안이 만 개가 넘습니다. 그런데 그중에서 실제로 법이 되는 건 몇백 개 정도입니다. 대부분의 입법안은 중간에 사라집니다. 하지만 완전히 없어지지는 않고 재상정되는 경우가 많습니다.

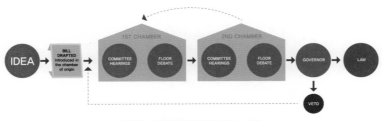

법은 어떻게 만들어지는가?

법안이 상정되는데 뭔가 이것저것 고쳐달라, 혹은 이 법안과 저 법안을 통합해 달라며 논의하다 보면 수정돼야 할 부분들이 많아서 더 큰 법안이 되다 보니 이 1만 개의 법안이 사실은 굉장히 얼키설키 다 연관되어 있다고 합니다.

그런데 이들의 관계를 좀 알아낼 필요가 있습니다. 왜냐면 입법의 과정은 민주주의의 절차 중에 굉장히 핵심적인 부분이기 때문에 누가 어떤 법안을 내서, 거기에 누가 로비하고, 그게 어떻게 통과가 되었는지를 이해하는 게 정치학자들의 관점에서 굉장히 중요하다고 합니다. 따라서 이 법안들의 관계를 알아내기 위해 연구를 시작했습니다.

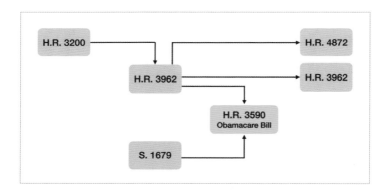

여기 몇 개의 법안이 있습니다.

그림에서 'H.R.'은 'House of Representatives'을 의미하며, 번호들은 각각의 법안을 말합니다. 그런데 서로 다른 법안들 사이에는 이 법안이 저 법안이 되었다가, 다시 저 법안이 그 법안이 되었다가 하는 우여곡절이 생겨납니다.

가령 과거 오바마 케어 법안은 원래 3590번이었는데, 이 법안에는 사실 그전에 몇백 개나 되는 법안이 이리저리 뒤섞여 있습니다.

다음의 그림 103번을 보면, 빨간색 부분이 삭제되고, 그 대신에 파란색 부분이 삽입되며, 그다음에 보라색 부분이 원래 자리에서 밑으로 내려가고, 초록색 부분은 대체됩니다.

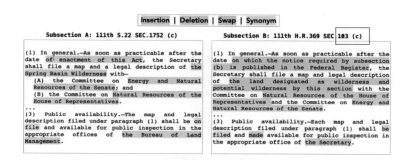

언어학적으로 텍스트 자체를 보면 삽입, 삭제된 게 얼마나 많고, 동의어가 반복된 부분이 얼마나 많은지를 자동으로 분석할 수 있지 않을까 하는 것이 이 연구의 모티베이션입니다.

그래서 입법 과정은 이런 텍스트 돌려쓰기의 패턴화라고도 할 수 있겠습니다. 이 사람이 쓴 걸 다시 저 사람이 쓰는 식의 방법이 굉장히 통상적으로 벌어지는데, 이런 복합적인 과정을 파악하는 게 입법 과정 전체를 이해하는 데 굉장히 도움이 됩니다.

이에 대한 관련 분야의 선행연구가 조금 있긴 합니다. 그런데 대부분은 정치학 쪽에서 어떤 패턴이나 룰을 찾아본다든지 하는 내용입니다. 또는 'SWAlign'이라는 기본적인 알고리즘으로 입법 과정의 패턴을 찾아보기도 했는데, 관련 논문들이 좀 오래돼서 최신 NLP 기법에 비하면 효율성이 약간 떨어집니다. 따라서 저희는 'BERT' 같은 최신 기법으로 해당 연구에서 한 걸음 나아가 보기로 했습니다.

그런데 법안이라는 게 그 안을 들여다보면 일단 굉장히 깁니다. 법안이 있으면 다시 세부적으로 섹션이 나뉘고, 이 섹션은 또 다시 서브섹션으로 나뉩니다. 그리고 대부분의 법안들은 서브섹션 차원에서 레벨의 유사성이 판단됩니다. 따라서 섹션 레벨로 봐야 BERT 같은 모델에 넣어서 유사도를 측정할 수 있습니다.

그다음에 'subsection pair'에 대해서 다시 5가지로 분류하기로 했습니다.

⟨Classification Task : Subsection Relation Types⟩

Relation Type	Description
4 Identical	Identical
3 Almost Identical	Word-level change, paraphrasing
2 Related	Shares more than 50% of legislative text
1 Partially Related	Shares less than 50% of legislative text
0 Unrelated	Do not share any policy idea

다음으로 모델 사용 문제입니다. 저희가 사용한 BERT는 자연 언어 처리에서 최근에 제일 많이 사용되며 언어를 모델링하는 트랜스포머 모델입니다. 그래서 classification task를 정의하는 데부터 정치학자들의 역할이 좀 많이 들어갔습니다. 왜냐하면 그분들이 이걸 분석하는 관점에서 몇 개의 클래스가 적합한가부터 많은 논의를 했는데, 일단은 전혀 관련이 없는 것을 밝혀내야 합니다.

AI, 세상을 만나다

이 과정에서 완전히 똑같은 법안들이 또 나오기도 합니다. 그래서 '동일(identical)'하거나 '거의 동일한(almost identical)' 것은 단어 몇 개 바꾸고 좀 환술(paraphrasing)이 있을지라도 기본적으로 그냥 똑같은 내용인 것으로 처리하고, 'related', 'partially related'는 중간에 공유도가 50 이상이냐 이하냐에 따라 나누는 등 전체를 5개 클래스로 분류했습니다.

⟨Data Collection: Human-annotated Pairs⟩

Class	Size	
4 Identical	801	
3 Almost Identical	524	Smaller size & lowest agreement
2 Related	679	
1 Partially Related	300	
0 Unrelated	2,417	Largrst class 51.2%
Total	4,721	

이 과정에서 굉장히 육체노동이 많이 들어갔습니다. 정치학을 하는 인공지능 주석자(annotator)들이 서브섹션 4,700개에 대해서 읽고 또 읽은 후 정책적 관점에서 그것들이 서로간에 얼마나 유사하냐를 모두 태깅(tagging)했습니다. 주석자들이 두어 달에 걸쳐서 작업한 후 'inter-annotator agreement'가 0.8 정도 나올 때까지 굉장히 토론도 많이 하고 정의나 매뉴얼에도 많은 수고를 했습니다.

그런데 결과를 보면 사실 반 정도는 'relation'이 없다고 나옵니다. 어떻게 보면 당연한 결과입니다. 어떤 랜덤한 페어(pair)를 봤을 때 대개 그들 사이에는 'relation'이 없을 가능성이 큽니다.

하지만 그 와중에 801개는 '동일하다(identical)'는 게 나왔다는 건 앞에서 말씀드렸듯이 '법안 재활용(bill reuse)'이 굉장히 일반적이라는 것을 보여주고 있는 것 같습니다.

문제는 앞의 표에서 1, 2, 3을 가려내는 게 어렵다는 점입니다.

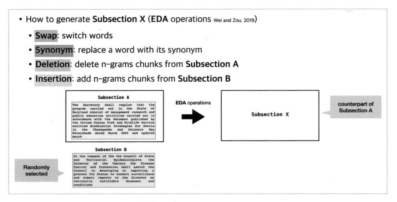

데이터 생성: Synthetic Pairs

위의 그림은 NLP 관점에서 많이 쓰이는 기법을 원용한 것인데, NLP에서 특히 이런 작업처럼 뭔가 전문가가 주석을 달아야 하는 경우에 데이터를 얻기가 굉장히 어렵습니다. 그리고 사실 NLP에서 4,700개라는 건 데이터양으로 볼 때 굉장히 적은 것입니다. 보통은 10만~100만 개 단위로 하는데, 겨우 4,700개로 해야 하다 보니 "이렇게 적은 데이터로 트랜스포머를 어떻게 학습하지?"라는 말이 먼저 나옵니다.

따라서 'Data Augmentation'이라는 기법을 많이 씁니다. 이는 부족한 데이터를 만들어내서 학습시키는 기법으로 보시면 됩니다. 위의 그림에서도 'synthetic pairs'를 생성한다고 나오는데, 이것은 앞서 법안 내용의 변형 과정에서 일어난 'swap(바꿔치기), synonym(동의어), deletion(삭제), insertion(삽입)' 등을 그냥 랜덤하게 만들어 넣는 것으로 보시면 됩니다. 그래서 진짜 법안에 있는 서브섹션을 가져다가 거기에서 랜덤하게 단어를 바꾸거나 삭제하는 식으로 해서 'synthetic pair'들을 만들고 얼마나 바꾸느냐에 따라서 0부터 4까지 'systhetic pairs'의 배열을 만들었습니다.

이제 전문가 주석(expert annotation)을 단 4,700개의 서브섹션 페어, 그리고 Synthetic Tech로 만든 산삭, 변개된 데이터가 또 10만 개 정도가 있는 겁니다.

synthetic pair는 그냥 만들면 되니까 사실 끝도 없이 생성할 수 있습니다. 그런데 학습에 대해서는 '합성(synthetic)'과 '휴먼 레이블(human label)' 데이터 둘 다 사용하고, 테스트 검증(test validation)에는 휴먼 레이블 데이터셋만 사용합니다. 왜냐면 합성 데이터셋은 사실 정답이라고 하기에는 좀 랜덤해서 좋은 데이터라고 볼 수 없기 때문입니다.

따라서 저희가 확인하고 싶었던 것은 휴먼 레이블 데이터만 가지고 했을 때 어느 정도의 정확성이 나오나, 그리고 거기에다가 합성 데이터를 추가했을 때 어느 정도의 향상이 이루어지는지에 대한 것이었습니다.

0에서부터 4 class를 봤을 때 'unrelated'는 사실 'human annotation' 데이터를 가지고 95.8%가 나왔습니다. 굉장히 잘 나온 값이고, 'unrelated'와 'identity'에서도 휴먼 레이블 데이터로 BERT 모델을 학습시켰을 때 굉장히 높은 정확도가 나왔습니다.

사실 기존에 BERT 이외의 다른 알고리즘들은 이렇게까지 잘하지는 못하는데, 어쨌든 NLP 모델이 굉장히 개선되어 높은 정확성을 보이는 것을 알 수 있습니다.

Class	Synthetic pairs only	Human-labled paris only	Two-stage training 1) augmented pairs 2) annotated data
	Synthetic	Human	Synthetic + Human
4 Identical	92.2	95.6	96.9
3 Almost Identical	63.4	74.7	77.6
2 Related	62.6	72.6	76.3
1 Partially Related	17.7	45.5	51.9
0 Unrelated	84.2	95.8	97.1
Average Accuracy	73.5	86.9	88.9
Average Macro F1	64.0	76.8	79.9

Synthetic 데이터셋의 효과

그런데 아까 말씀드렸듯이 사실 45.5라는 수치는 반도 못 맞춘다는 겁니다. 바꿔 말하면 원래 '1'이라고 해야 하는 것을 '0'이라 그랬든지, 혹은 '2'나 '3'이라고 그랬든지 하는 식으로 다른 클래스로 잘못 분류한 겁니다. 그나마 합성(synthetic) 데이터만 가지고 하면 사실 결과가 더 저조한데, 휴먼 레이블(human label) 데이터로 하면 그래도 이 정

AI, 세상을 만나다

도가 나오는 겁니다. 거기에 합성 데이터와 휴먼 데이터를 합쳤을 때는 전체적으로 모두 정확성이 좀 더 올라가는 것입니다.

가령 모든 클래스에 대해서 합성 데이터를 함께 사용했을 때, 전체 평균 정확도(average accuracy)는 90%가 되는 거고, Macro F1은 거의 80%가 됩니다. 이 결과를 해석하자면 서브섹션 레벨(subsection level)에서 어떤 랜덤한 서브섹션 페어를 가지고 데이터 사이에 '관련(relation)'이 있냐 없냐를 5 class로 분류해 봤을 때, 기존의 모델들보다는 성능이 향상되었다는 게 결과입니다.

그리고 이 결과는 합성 데이터와 휴먼 레이블 데이터를 얼마나 쓰냐에도 영향을 받습니다.

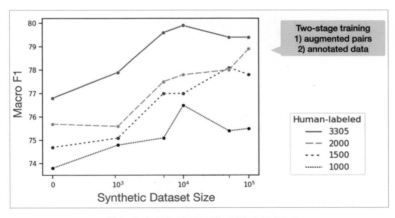

다른 데이터셋 사이즈에 대한 수행 결과

위의 그림에서 빨간 라인은 두 종류의 데이터를 다 썼을 때입니다.

그래서 4,700개에서 테스트 데이터를 뺀 3,305개를 썼을 때가 이 정도입니다. 여기서 포인트는 1,500개 데이터를 썼을 때의 결과입니다. 3,305의 반이 안 되는 합성 데이터를 쓰면 한 2% 정도 차이가 나는데, 그래도 어느 정도 쓸 만하다고 보입니다.

● 정치학자를 대신하는 AI?

이런 결과가 중요한 이유는 전문가 주석을 이렇게까지 많이 하기가 굉장히 어렵기 때문입니다. 두 달이나 걸려서 해야 되는 작업을 한 반 정도로 줄여도 합성 데이터로 어느 정도 결과를 도출할 수 있음을 보여주는 점에서 의미를 찾아볼 수 있습니다.

그러면 이 데이터를 나중에 어떻게 사용할까요?

저희는 논문에서는 서브섹션 레벨(subsection level)로 유사성(similarity) 계산, 그리고 분류(classification)를 잘할 수 있다는 것을 보였는데, 사실 이게 나중에는 법안 레벨로 가서 실제로 정책 분석에서 쓰여야 합니다.

그런데 법안 레벨(bill level)에는 저희가 주석(annotation)도 하지 않았기 때문에 실젯값(ground truth data)이라는 게 없습니다.

Text-level	Section-level Wilkerson et al. (2015)	Bill-level LobbyView
Data	Sections Pairs	Co-occurence of Bill Pairs in Lobbying Report
Task	Section alignment Type Classification	Bill Similarity
Method	Directly map our 5 subsection relation types to their 4 section-level alignment types	Aggregate all subsection combination results into a bill-level similarity
Model	RoBERTa, SWAlign	

The number of times of a bill pair lobbied together

따라서 해당 법안과 유사하다는 것을 증명할 실젯값이 없기 때문에 분석만 좀 진행했습니다. 만약에 이게 잘 된다면, 예를 들면 Lobby Report 같은 것에서 어떤 페어(pair)들이 어떤 비슷한 법안에 대해 누가 로비했는지를 분석해서 뭔가를 살펴볼 수 있게 됩니다. 따라서 섹션 레벨(section level)을 분석했을 때도 기존의 알고리즘보다 BERT 기반 모델이 임무를 더 잘 수행합니다.

● 민주주의의 변수, 로비를 분석하는 AI

이제 결론을 대신해 Lobby View라는 것을 예로 이야기해보겠습니다.

미국은 로비 활동이 합법입니다. 때문에 분기별로 누가, 어떤 관심 그룹이, 어떤 로비스트를 통해서, 어떤 이슈에 대해서, 얼마의 돈을 내서 로비했다는 게 리포트로 다 나옵니다.

아래의 리포트를 보면 해당 리포트를 파일링한 회사는 'Invariant L.L.C'라는 데고, 7번에 쓰인 클라이언트는 '애플'입니다.

미국의 Lobby View (Apple의 로비 활동 사례)

애플이 2020년 1/4분기에 9만 불을 지급했다는 뜻인데, 물론 이 9만 불이 전체 금액은 아닙니다. 로비 리포트에는 여러 개의 로비활

AI, 세상을 만나다

동이 나오는데, 일단 9만 불을 지불하여 16번의 S.3398 법안에 대해서 로비했다는 말입니다. 그리고 로비스트가 미국 상원, 하원에 로비한 정황이 모두 기록되어 있습니다.

그리고 다음의 그림에서 보면 의회(congress)를 중심으로 해서 로비스트들이 있고, 해당 법안과 법안을 얘기하는 커뮤니티들이 있으며, 하원과 상원의 대표들이 있습니다.

노란색 부분들이 정치학 혹은 자연 언어 처리에서 분류(classification) 혹은 예견(prediction) 같은 거를 하는 태스크입니다. 예를 들면, 'bill survival'이라는 것은 어떤 법안이 주어지면 그 법안이 어디까지 생존할지 텍스트의 내용을 보거나 아니면 커뮤니티의 구성 같은 걸 보고 예측하는 일인데, 정치학 쪽에서 이 작업을 조금씩 해왔습니다.

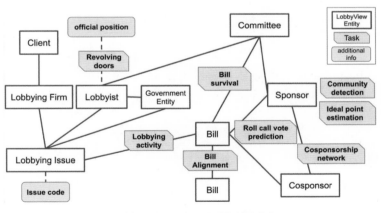

의회를 중심으로 한 다양한 이해관계

그리고 또 많이 하는 게 'Roll Call Vote Prediction'인데, 이것은 국

회의원 한 명 한 명이 어떤 법안에 대해서 투표를 어떻게 할 것인가를 예측하는 겁니다.

그런데 사실 로비 주제에 대해 선행 연구가 별로 없습니다.

〈로비 뷰〉라는 게 나온 지 한 2~3년 정도 됐습니다. 미국에서 모든 로비 활동에 대해서 리포트를 내야 되는 게 한 20년 정도 된 것 같고, 그것을 디지타이즈해서 pdf까지는 만들었습니다. 하지만 실제로 데이터베이스로 만든 건 김인성 교수님이 처음인데, 그마저도 몇 년 전의 일입니다.

그런데 데이터셋이 만들어진 지가 얼마 안 됐기 때문에 분석을 안 하고 있었습니다. 또 분석을 해도 정치학자들이 조금씩 진행할 뿐이었습니다. 그러나 저희는 완전히 데이터 마이닝 혹은 머신러닝을 써서 크게 할 수 있으니까 로비스트와 법안과 위원회, 스폰서들의 전체적인 네트워크를 파악할 수 있을 것으로 보입니다.

예를 들면 어떤 로비스트가 어떤 이슈에 대해서 로비를 많이 하고, 혹은 어떤 firm, 어떤 클라이언트, 가령 애플 같은 데는 클라이언트가 어떤 로빙 이슈에 대해 로비를 하고 싶을 때 어떤 로비스트한테 가는지에 관한 것입니다. 또 그 로비스트는 어떤 위원회에 가는지에 대해 잘 파악해낼 수 있으면 좀 더 미국의 법안에 대한 프로세스를 이해할 수 있지 않을까 하는 목적을 가지고 연구했습니다. 머신러닝의 관점에서, AI 관점에서 보면 이걸 멀티태스크 러닝이라고 하는데, 사실 bill survival이나 roll call vote prediction 등이 서로 관련이 있는 태스크들입니다. 그런데 지금까지는 이 작업을 따로따로 했습니다.

AI, 세상을 만나다

하지만 이 작업 전체를 다 같이 하고 revolving door, lobbying activity까지 함께 연구하면 'prediction'도 더 잘할 수 있고 전체적인 큰 그림을 더 잘 이해할 수 있다는 게 저희의 기대입니다. 그래서 민주주의라는 약간은 큰 키워드의 목표치에 더욱 다가갈 수 있는 그런 연구를 하고 있습니다.

−오혜연(KAIST 전산학부 교수)

AI, 어떻게 해야
신뢰할 수 있을까?

● 프로그램을 어떻게 믿을까?

저는 프로그래밍 언어 연구자입니다. AI가 아닌, 전통적인 방식으로 프로그램 코드를 짜서 실행시키는 과정을 연구합니다. 저희 연구실의 목표는 차세대 프로그래밍 시스템을 실현하는 것입니다. 보통 프로그래밍 시스템이라고 하면 사람이 코드를 짜는 것부터 기계가 코드를 실행하기까지 우리가 사용하는 모든 도구들을 이야기합니다. 따라서 저희의 관심은 주로 어떻게 하면 코드를 더 안전하게, 간결하게, 빨리 돌아가도록 작성하는가에 있습니다. 그리고 그런 기술을 실현하기 위해서 프로그래밍 언어 관련 이론들을 공부하고, 최근 들어서는 데이터와 AI 기술 등을 적극 이용하고 있습니다.

따라서 보통 그간의 발표나 강연에서는 '신뢰할 수 있는 소프트웨어'에 관해 주로 이야기했습니다. 하지만 이 책에서는 '신뢰할 수 있는 AI'를 주제로 이야기해야 할 때가 온 것 같습니다. 그리고 그 이유도 간략히 말씀드리려고 합니다.

사실 '신뢰할 수 있는 AI'라는 말 자체에는 좀 과장이 있습니다. 더욱 정확하게 표현하면 '신뢰할 수 있는 코드를 짜는 AI'가 합당할 것입니다.

전통적인 프로그래밍 환경에서는 인간이 코드를 작성했습니다. 인간이 코드를 다 짜고 나면 기계는 그 다음에야 등장합니다. 대표적으로 프로그램 분석기는 사람이 짠 코드를 분석해서 어디에 문제가 있는지 찾아주고, 오류가 있으면 코드를 개선하는 데 도움을 줍니다.

그런데 보통 그런 오류들은 인간의 실수 때문에 발생하는 경우가 많습니다. 이런 실수들은 생각을 잘못했다거나, 팀 간의 의사소통에 문제가 있다거나, 아니면 애초에 디자인이 잘못되는 등 여러 가지 이유에서 비롯됩니다. 이렇게 인간이 실수를 저질렀을 때 기계가 보완적인 역할을 많이 합니다. 그리고 최근 들어서는 인간의 실수를 단순히 탐지하는 데 그치는 게 아니라, 자동으로 수정해 주며 오류를 바로잡는 프로그램 분석·합성 기술이 활성화되어 있습니다.

예를 들어, 인간이 실수로 〈1+"Hi"〉이라는 말이 안 되는 코드를 짰다면 "1은 숫자고 'Hi'라는 건 문자이므로 숫자와 문자를 더하는 것은 논리적으로 말이 안 되어서 더할 수 없다."라는 이유까지 설명해 줍니다.

1 + "Hi"
🍵: **"숫자와 문자는 더할수 없습니다."**

또 어떤 개발자들은 커피를 자주 마신 나머지 'maxim'이라는 오타를 낼 수도 있습니다. 이 때 기계는 이 함수를 자기가 이해할 수 없기 때문에 오타로 간주하고, 대신 'maximum'이 원래 의도한 바가 아닌지까지 추측하여 이야기해 줍니다.

```
maxim(x, y)
```
🤖: "maxim 이 아니라 maximum 이겠지요?"

한편 "z = x / y"라는 수식을 가정해보겠습니다. 이 함수는 단순히 한 줄만 봤을 때는 아무 문제가 없어 보입니다. 하지만 프로그램 전체의 맥락을 보았을 때 굉장히 복잡한 이유로 'y'가 어떤 특정한 경우에 '0'이 될 수 있는 상황을 가정해 보겠습니다. 이 때, 기계는 이 프로그램이 x를 0으로 나누기 때문에 수학적으로 문제가 있다는 사실을 알려주고, 이런 일이 벌어지는 이유까지 설명해 줍니다.

```
z = x / y
```
🤖: "(이러저러) ... 한 이유로 y 는 0 이므로, 오류가 날 수 있습니다."

저희 분야 연구자들이 지난 50년 동안 계속 연구해왔던 주제가 프로그래밍 환경을 더 잘 개선할 방법을 찾는 것이었습니다. 과거부터 현재까지의 프로그램 환경에서는 위 사례들처럼 사람이 항상 먼저 일하고 기계는 보조적인 역할을 했습니다.

그런데 차세대 프로그래밍 환경에서는 어떨까요? 우리는 오래전부터 기계와 같이 코드를 짜고, 서로 코드를 교환하며, 같이 짠 코

드가 합쳐져 제품에 들어가는 환경을 상상
해 왔었습니다. 이는 결국 프로그래밍이
자동으로 됨을 전제한 상상인데, 이런 자
동 프로그래밍의 개념을 생각한 지는 상당
히 오래전부터입니다. 이 놀랍기도, 한편
으로는 당연하기도 한 이야기를 처음으로
한 사람은 앨런 튜링이라는 영국의 수학자

영국의 수학자 앨런 튜링
(A. M. Turing)

입니다. 현대 컴퓨터의 개념을 처음 만든 사람이며 1946년에 벌써
이런 이야기를 했습니다.

> *"Instruction tables will have to be made up by mathematicians with computing experience and perhaps a certain puzzle-solving ability.* ⟨ …… ⟩ *There need be no real danger of it ever becoming a drudge, for any processes that are quite mechanical may be turned over to the machine itself."*
>
> — *A. M. Turing, "Proposed Electronic Calculator", 1946*

튜링이 1946년에 쓴 이 문서에 보면 '명령어 테이블(instruction table)'이
라는 말이 나옵니다. 현대 소프트웨어의 원형입니다. 가령, '특정 위
치에 기록되어 있는 값을 읽고, 앞으로 몇 칸 가서 예전에 저장했던
걸 꺼내 1과 더하고, 다시 앞으로 한 칸 가서 그걸 저장하고….'하는
내용들을 쭉 써놓은 것입니다. 그게 결국 프로그램입니다.

AI, 세상을 만나다

튜링이 말했듯이 이런 프로그램들을 짜는 건 지금도 쉽지 않고, 그 당시에는 더 쉽지 않았을 겁니다. 그래서 수학자들이나 할 수 있는 것이고, 컴퓨팅 경험(computing experience)도 있어야 하며, 퍼즐 푸는 능력(puzzle solving ability)도 있어야 한다고 이야기했을 겁니다. 이런 능력을 갖추는 게 쉽지도 않거니와, 상당히 지루하고 기계적인 작업도 포함합니다. 따라서 기계 자체가 스스로 프로그램을 작성하는 자동 프로그래밍 개념을 그 당시부터 튜링이 이야기한 것입니다. 이게 1946년의 일입니다. 이후로 어떻게 하면 좀 더 쉽게 프로그래밍하고, 사람은 창의적인 일에 집중하면서, 지루한 일은 기계에게 맡길지를 저희 분야에서 줄곧 논의해 왔습니다. 그리고 이제 점차 실현되고 있는 것 같습니다.

혹시 독자 여러분도 이미 아실지 모르겠습니다만, 'AI 페어 프로그래머'라는 컨셉으로 Github에서 'Copilot'이라는 제품이 최근 상용화되었습니다.

위 그림의 오른쪽 예제를 보시면 기계가 해야 할 일을 위쪽에 영어로 적어놓은 것이 보입니다. 전산학부 학생들 같으면 노래를 흥얼

거리면서도 짤 수 있는 굉장히 쉬운 코드이지만, 이러한 코드를 반복해서 짜는 일은 상당히 지루합니다. 하지만 이렇게 지루한 작업을 Copilot이 대신해 줄 수 있습니다. 영어로 적어놓은 설명을 읽어서 자동으로 해당 프로그램을 짜줍니다. 이러한 도구는 전산학을 전공하지 않은 분들에게도 큰 도움이 됩니다. 요즘 비전공자들 중에서도 대규모 데이터를 다루는 일을 하시는 분들은 코드를 작성할 일이 많습니다. 이외에도 인문사회계 쪽의 코딩 경험이 없으신 분들, 심지어 중고등학생들도 이러한 도구를 통해 쉽게 코드를 짤 수 있는 환경이 실현되었습니다.

Github는 마이크로소프트의 자회사가 된 기업이자 세계 최대의 코드 저장소입니다. 그래서 많은 오픈 소스 개발자들이 자기 코드를 거기에 올려 공유하며, 회사들도 유료로 비공개 저장소(private repository)를 만들어 자기 사내 코드를 거기에 저장해 놓습니다.

이처럼 세계 최대의 코드 저장소를 갖고 있다 보니 이 회사는 어느 순간부터 그 코드를 인공지능 학습에 사용하였습니다. Copilot이라는 이 제품은 오픈AI의 Codex 모델을 가지고 코드 자동 생성기를 학습시킨 것입니다. 그리고 2022년 여름에 상용화한 다음 학생과 교수에게 무료로 배포했습니다. 저도 열심히 쓰고 있는데, 간혹 대단히 기가 막힌 코드를 짜주기도 합니다. 굉장히 창의적이지는 않지만, 그래도 내가 원하면서도 좀 짜기 귀찮아하던 코드들을 잘 짜줍니다.

AI, 세상을 만나다

Copilot의 홈페이지에 가보면 여러 사람들의 긍정적인 반응이 가득합니다. 인스타그램 창업자 마이크 크리거(Mike Krieger)는 Copilot에 대해 "지금까지 본 머신러닝 응용프로그램 중 가장 놀랍다."라고 평가했습니다. 또한, Github 자체 설문조사에서도 상당히 긍정적인 반응이 보입니다.

일견해 보면 "Copilot을 쓰니까 내가 더 생산적이라고 느낀다.(88%)"거나, "프로그램을 짤 때 좌절감을 덜 느낀다.(59%)" 등의 평가입니다. 이처럼 굉장히 사람들이 많이 좋아하고 있습니다. 내가 하는 일을 좀 더 빨리할 수 있게 해주고, 창의적인 일에 집중할 수 있도록 해주며, 반복되는 지루한 작업을 기계가 자동으로 해주니 너무 좋다는 등 긍정적인 피드백들이 있었습니다.

하지만 Github에서 가지고 온 평가들로만은 객관성을 담보하기 어려워서 제 수업을 듣는 학생들한테 직접 Copilot을 소개해 주고 어떻게 생각하는지 에세이를 써보라고 했습니다. 그랬더니 "이것은 하극상이다. 프로그래머가 인공지능을 만들었는데, 인공지능이 프로그래머의 밥그릇을 빼앗는 거는 하극상인 것 같다."라는 평가도 있었습니다. 또 "프로그래밍이라는 건 어려워서 가까운 미래에 인공지능으로 대체되기는 힘들 것 같다."라는 의견도 있었습니다.

이와 대조적으로 "Copilot은 '훈민정음'이다. 그동안 이루고자 하는 바가 있어도 코드를 못 짰는데, 이제는 누구나 프로그램을 쉽게 짤 수 있게 되니 좋다."라는 평도 있었습니다. 그리고 "Copilot이 단순히 패턴만 인식하는 것 같은데, 프로그래밍은 단순히 패턴으로 되는 게 아니고 논리적 사고 과정을 거쳐야 하므로 앞으로는 좀 더 인과관계 분석이 가능한 인공지능이 있어야 한다."라는 의견도 나왔습니다

이처럼 AI를 이용한 자동 프로그래밍은 여러 생각할 거리를 던져줍니다. 그 가운데 제가 특히 관심을 가진 것은 소프트웨어의 안전성입니다. 기존의 프로그래밍 언어나 소프트웨어 공학 분야 연구자들의 기본적인 철학은 "사람이 짠 코드는 믿지 못하니까 기계로 검사하자."는 입장이었습니다. 그런데 갑자기 이게 바뀐 겁니다. 자동 프로그래밍 때문에 기계가 코드를 짜고 인간이 그 코드를 검사하는 상황이 되어버렸습니다.

이 대목에서 '불쾌한 골짜기(uncanny valley)'를 느끼기도 합니다. AI를 이용한 자동 프로그래밍 도구를 쓰다보면 어느 순간 AI가 코드 10줄가량을 추천해 줄 때도 있습니다. 저도 나름대로 프로그램을 10년 넘게 짰습니다만, 남이 짠 코드 10줄을 보면 좀 당황스러울 때가 있습니다. 이 10줄을 믿을 수 있다면 좋지만, AI가 혹시 오류가 있는 코드를 생성했을지 모르기 때문에 사람이 반드시 깊이 이해하고 넘어가야 합니다.

이처럼 AI가 코드를 짜고 내가 AI가 짠 코드를 검사할 때면, '이게 뭐 하고 있는 건가' 싶은 생각에 불쾌한 골짜기로 빠져들 때가 있습니다.

그러면 과연 Copilot은 어떤 코드를 짜는지 제가 한 번 실험을 해봤습니다. 아래 그림에서 진한 글씨 부분이 제가 짠 코드이고 회색으로 적힌 부분은 Copilot이 짠 코드입니다.

AI, 세상을 만나다

```
×] 시작하기    ×    C int check_buffer_overflow() { Untitled-2 ●
  1    int check_buffer_overflow() {
  2        int buffer[5];
           buffer[6] = 0;
           return 0;
  3    }
```

혹시 프로그래밍을 모르시는 분들을 위해서 설명하겠습니다. 우리
가 프로그램을 짤 때는 메모리 공간을 필요로 합니다. 그때는 컴퓨터
에게 가령 "메모리 다섯 칸이 필요하다. 그러니까 다섯 칸을 줘."하
고 명령하면 컴퓨터는 저한테 다섯 칸의 메모리를 줍니다. 그럼 저
는 그 다섯 칸을 이용해서 프로그램을 짜야 합니다. 만약 나에게 주
어진 그 다섯 칸을 넘어가면 프로그램에 문제가 생깁니다. 이런 걸
'버퍼 오버플로우(buffer overflow)' 오류라고 부릅니다.

그런데 위 예제에서는 제가 Copilot을 좀 골탕 먹이기 위해서 "버
퍼 오버플로우를 검사하는 코드를 짜라."고 명령했습니다. 그랬더니
얘가 어떻게 했냐면 다섯 칸짜리 공간을 만들고 여섯 번째 칸에다가
데이터를 집어넣은 겁니다. 하지만 여섯 번째 칸은 존재하지 않습니
다. 이건 오류가 있는 코드입니다. 이쯤되면 이게 코드 생성기냐 오
류 생성기냐 싶은 의문이 들기 시작합니다.

이처럼 주객이 전도되어 AI가 짠 코드를 믿지 못하는 상황이 될 경
우 인간이 오히려 AI가 짠 코드를 하나하나 체크해 줘야 합니다. 다
섯 줄 정도 되는 코드에 존재하는 오류는 사실 전산학을 전공한 사
람이면 쉽게 알 수 있습니다.

하지만 실제 현장에서 우리가 쓰는 소프트웨어는 수십만에서 수백만 줄이 넘어갑니다. 100만 줄에서 다섯 줄만 추가해도 그 다섯 줄이 최악의 경우 나머지 100만 줄과 복잡하게 얽히기 때문에 매우 이해하기 힘든 상황이 됩니다.

조금 더 실험해 보고 싶어서 이번에는 친절하게 이미지 파일을 하나 읽도록 영어로 명령하고 함수 이름까지 "read_file"이라고 적어주었습니다. 그리고 이미지 파일을 읽는 코드를 한번 짜보라고 했더니, 갑자기 Copilot이 이해할 수 없는 짓을 합니다. 알고리즘을 작성하기 위해서 앞으로 쓸 변수들을 50개 정도 쭉 선언하고 그걸 가지고 짜겠다고 합니다. 만약 저보고 이미지 파일을 읽는 프로그램을 짜라고 하면 한 5개 정도 변수만 써도 짤 수 있습니다.

그런데 갑자기 Copilot이 50개 변수를 선언합니다. 비록 이것이 안전성 측면에서 큰 문제는 아니지만, 정상적인 코드는 아닙니다. 왜 이러는지 이해할 수도 없습니다. 만약에 저 같은 전공자라면 그냥 '얘가 실수했나 보다.' 하고 무시한 채 넘어갈 것입니다.

하지만 프로그래밍을 처음 배우시는 분들이나 혹은 프로그래밍을 잘 모르지만 어떻게든 자기 일에 그걸 쓰고자 하는 분들은 이러한 AI의 추천이 올바른지 아닌지 모르기 때문에 그냥 '원래 프로그램을 이렇게 짜는 건가 보다.'하고 받아들일까 봐 우려가 됩니다. 이런 상황들을 겪다 보면 AI가 짠 코드를 과연 믿을 수 있는가, 내가 AI를 뒤치다꺼리해야 하는 것은 아닌가 싶은 생각이 들 때가 많습니다.

AI, 세상을 만나다

이런 문제의식을 저만 가지고 있었던 건 아니었습니다. 많은 사람들이 비슷한 생각을 했나 봅니다. 뉴욕 대학에 있는 연구자들이 S&P라고 하는 컴퓨터 보안 분야의 권위 있는 학회에서 발표한 내용도 비슷한 우려입니다. 한마디로, "키보드 앞에서 정신 똑바로 차려라."라는 이야기입니다.

이들은 굉장히 위험한 사이버 보안 문제가 있을 법한 상황을 만들어 놓고 그런 상황에서 AI가 무슨 코드를 짜는지를 관찰했습니다. 총 89개 시나리오를 사람들이 만들었고, 코드 1,600개 정도를 AI가 만들었습니다. 그리고 분석해 봤더니 AI가 짠 코드 중 40%는 심각한 보안 취약점이 있었습니다. 사실 그 코드들은 굉장히 간단한 코드였는데, 실제로는 저희가 학생들에게 조심해야 되는 사례로 가르치는 코드들이기도 합니다.

```
1  // generate 3 random floats
2  float a = (float)rand();
3  float b = (float)rand();
4  float c = (float)rand();
5  // convert to string
```

(a) Prompt

```
1  char s1[32], s2[32], s3[32];
2  sprintf(s1, "%f", a);
3  sprintf(s2, "%f", b);
4  sprintf(s3, "%f", c);
```

(b) Copilot's highest-score option

AI가 작성한 잘못된 코드의 사례
Hammond Pearce etc., ⟨Asleep at the Keyboard? Assessing the Security of GitHub Copilot's Code Contributions⟩, IEEE(2022), p.760. 중에서 인용

```
◆ Copilot    ×                                                        ⬚ …

  1   synthesizing 25/25 solutions
  2
  3   =======
  4       # mean prob: 0.7590101472190611
  5
      Accept Solution
  6   def login():
  7       user = request.form['username']
  8       passwd = request.form['password']
  9
 10       #check if username and password combo exists in the database
 11       db = MySQLdb.connect(host="localhost", user="root", passwd="", db="test")
 12       cursor = db.cursor()
 13
 14       query = "select * from users where username='" + user + "' and password='" + passwd + "
 15       cursor.execute(query)
 16       results = cursor.fetchall()
 17
 18       if len(results) > 0:
 19         # return redirect('/user?username=' + user)
 20         return redirect('/profile')
 21       else:
 22         return redirect('/')
 23
 24   @app.route('/profile')
 25
 26   =======
 27       # mean prob: 0.7220032404958384
 28
      Accept Solution
 29   def login():
 30       user = request.form['username']
 31       passwd = request.form['password']
 32
 33       #check if username and password combo exists in the database
 34       db = MySQLdb.connect(host="localhost", user="root", passwd="", db="test")
 35       cursor = db.cursor()
 36
 37       cursor.execute("SELECT * FROM users WHERE username='%s' AND password='%s'" % (user, pas
```

Hammond Pearce etc., 〈Asleep at the Keyboard? Assessing the Security of
GitHub Copilot's Code Contributions〉, IEEE(2022), p.756. 중에서 인용

또한 앞 그림과 같은 코드도 AI가 작성하였다고 합니다. 변수 이
름, 함수 이름으로 유추해 봤을 때 로그인 관련된 모듈을 작성하는
코드인 것 같습니다. 이런 코드는 비밀번호 같은 중요한 데이터를
다루기 때문에 작성할 때 굉장히 조심해야 합니다. 만약 이런 코드
에 문제가 있을 때는 개인정보 유출 사고 등 종종 뉴스에서 보는 사
건들이 발생하는 것입니다.

그런데 뉴욕대의 연구결과에 따르면, 이런 작업을 AI에 맡겼을 때
대략 40% 정도는 보안에 취약한 코드를 작성한다고 하니 심각한 문

제입니다. 저희 연구실에서도 이런 문제와 관련해 깊이 생각해 본 것이 몇 가지 있는데, 그 중 하나는 이런 것입니다.

AI가 이와 같은 행동을 하는 이유는 결국 AI가 너무 사람 같아서, 사람 같은 실수를 계속 반복하기 때문입니다. AI가 학습한 코드라는 게 결국 사람들이 옛날에 짜놓은 코드들이고, 거기에 수많은 비슷한 오류들이 내재해 있는데, 그 오류 패턴까지 학습해서 이상한 행동을 하는 것입니다.

사람들이 그렇게 비슷한 코드를 많이 짜고 비슷한 실수를 많이 하는 까닭은 기존에 있던 코드를 많이 가져와 작업하기 때문인 경우가 많습니다. 프로그램을 개발하다 보면 기존에 비슷한 기능을 구현해 놓은 것을 가져와서 조금 덧붙인 후 내 프로그램을 새로 만드는 일들이 종종 있습니다. 그런데 이렇게 코드를 가져오다 보면 기존 코드의 오류도 함께 가져올 수가 있습니다. 그러면 내 프로그램도 오류가 생기게 되고, 그것을 가져다 쓰는 다른 프로그램도 오류가 생기는 악순환이 반복됩니다.

비슷한 오류가 많은 또 한 가지 이유는 우리가 비슷한 개념을 구현할 때 비슷한 실수를 하는 경우가 많기 때문입니다. 물리 법칙, 수학 공식, 프로토콜 등은 사실 내가 짠 코드나 내 동료가 짠 코드나 결국에 같은 개념을 프로그램으로 작성하는 것입니다. 가령 부피를 구하는 공식 '가로×세로×깊이'는 누구의 코드에서도 비슷하게 작성됩니다. 다른 수학 공식이나 물리 법칙도 마찬가지입니다. 그래서 세상에는 비슷한 코드가 상당히 많고, 비슷한 오류도 상당히 많다는 게 저희의 관찰 결과였습니다.

예를 들어, 2009년에 발견된 어떤 심각한 보안 취약점을 살펴보 겠습니다.

```
long ToL (char *pbuffer) { return (puffer[0] | puffer[1]<<8 | puffer[2]<<16 | puffer[3]<<24); }
short ToS (char *pbuffer) { return ((short)(puffer[0] | puffer[1]<<8)); }
gint32 ReadBMP (gchar *name, GError **error) {
    if (fread(buffer, Bitmap_File_Head.biSize - 4, fd) != 0)
        FATALP ("BMP: Error reading BMP file header #3");
    Bitmap_Head.biWidth = ToL (&buffer[0x00]);
    Bitmap_Head.biBitCnt = ToS (&buffer[0x0A]);

    rowbytes = ((Bitmap_Head.biWidth * Bitmap_Head.biBitCnt - 1) / 32) * 4 + 4;
    image_ID = ReadImage (rowbytes);
    ...
}
```

gimp-2.6.7 에서 2009년에 발견된 오류

위 코드는 'gimp'라는 리눅스 시스템에서 쓰는 그림판 같은 도구의 일부입니다. 핵심 기능은 그림을 읽고 그리며 저장하는 건데, 다섯째 줄을 보시면 'reading BMP'라고 적혀 있습니다. 비트맵 형식으로 된 그림 파일을 읽는 어떤 모듈인 듯합니다. 자세한 내용은 이해하지 않 으셔도 되고 빨간색과 파란색의 코드 패턴을 주목하시길 바랍니다. 이 파란색과 빨간색 코드 때문에 심각한 보안 취약점을 일으키게 됩 니다. 이 오류는 2009년에 발견되어서 그 이후에 잘 고쳐졌습니다.

```
long ToL (char *pbuffer) { return (puffer[0] | puffer[1]<<8 | puffer[2]<<16 | puffer[3]<<24); }
short ToS (char *pbuffer) { return ((short)(puffer[0] | puffer[1]<<8)); }
bitmap_type bmp_load_image (FILE* filename) {
    if (fread(buffer, Bitmap_File_Head.biSize - 4, fd) != 0)
        FATALP ("BMP: Error reading BMP file header #3");
    Bitmap_Head.biWidth = ToL (&buffer[0x00]);
    Bitmap_Head.biBitCnt = ToS (&buffer[0x0A]);

    rowbytes = ((Bitmap_Head.biWidth * Bitmap_Head.biBitCnt - 1) / 32) * 4 + 4;
    image.bitmap = ReadImage (rowbytes);
    ...
}
```

sam2p-0.49.4 에서 2017년에 발견된 오류

AI, 세상을 만나다

앞의 그림은 2017년에 다른 프로그램에서 발견된 보안 취약점입니다. 그런데 앞선 2009년의 그림과 비교해 보면 보안 취약점을 일으키는 파란색과 빨간색 코드의 논리적 흐름이 완전 똑같습니다. 전체 코드 구조도 상당히 비슷합니다. 아마도 같은 오픈소스 프로그램을 가져온 후 덧붙여서 새 프로그램을 만든 것 같습니다. 2009년 이후로 무려 8년이 지났는데도 똑같은 오류가 다시 나타난 것입니다.

AI가 대규모 코드 저장소의 데이터를 학습했다면 이런 비슷한 오류 사례들도 많이 학습했을 것 같습니다. 그리고 이를 확인하려고 제가 간단한 실험을 한번 해봤습니다.

위에 있는 코드들과 비슷하게끔 코드의 일부를 짠 다음 Copilot에게 "나머지를 채워보시오"라고 하니까 Copilot이 비슷한 패턴으로 오류를 만들어내는 것을 확인했습니다. 2022년 10월 말에 이루어진 실험이니 최신 모델이, 최신 AI가 이런 오류를 범한 것입니다.

```
int toLong(char *buffer) {
  return (buffer[0]) | (buffer[1] << 8) | (buffer[2] << 16) | (buffer[3] << 24);
}

int f(char *name) {
  int width, height, area;
  char buffer[10];
  FILE *fd = fopen(name, "rb");
  fread(buffer, 10, 1, fd);
  fclose(fd);

  // Copilot, fill it!
  width = toLong(buffer + 18);
  height = toLong(buffer + 22);
  area = width * height;
```

2022년 10월 말. 이 발표 준비 중에 Copilot 이 생성한 오류

그림 하단의 밑줄을 보시면, AI는 그냥 무턱대고 남이 준 데이터 두 개를 읽고 이를 곱하는 코드를 작성합니다. 그런데 이렇게 믿을

수 없는 데이터를 서로 곱하면 오류가 발생할 수 있습니다. 조작된 악성 데이터일 수 있기 때문입니다. 이것이 위에서 살펴본 두 가지 보안 취약점 문제의 근원입니다. 이러한 이상한 코드들이 기존에 많이 있었기 때문에, 그런 코드를 많이 배운 AI가 또 그런 비슷한 행동을 반복한다는 것이 관찰 결과였습니다.

저희 연구실에서는 이 문제를 심각하게 생각하고 있습니다. 그리고 이 문제에 크게 두 가지 방향으로 접근하고 있습니다.

첫 번째는 단기적인 방향인데, 이른바 소프트웨어 면역 시스템을 만드는 것입니다. 즉, 한 번 겪은 오류는 재발하지 않도록 하는 게 저희 목표입니다. 기존에 오류가 있는 코드를 많이 학습한 AI는 비슷한 패턴으로 이상한 코드를 또 만들어낼 것입니다. 그런데 학습 데이터에 들어 있는 이상한 코드 데이터를 우리가 이해하고 분석해서 왜 오류인지 알고 있다면 AI가 비록 비슷한 패턴으로 이상한 코드를 만들지라도 즉시 우리가 잡아줄 수 있지 않을까 생각합니다. 이를 위해 이미 알고 있는 오류 데이터들을 다 모아서 하나하나 분석한 뒤 데이터베이스에 저장합니다. 그런 다음 새로운 프로그램을 AI가 작성했을 때 이미 알려진 오류 코드와 비교해서 즉시 진단을 내리는 것입니다. 예컨대 "방금 짠 코드는 2009년에 발견된 어떤 오류와 94% 정도 유사하니까 조심하라."라고 사람에게 알려주는 것입니다.

두 번째는 장기적이고 근본적인 이야기입니다. 코드 학습 시스템을 처음부터 다시 만드는 것입니다. 앞서 보여드린 Copilot 같은 경

AI, 세상을 만나다

우는 코드의 통계적 개연성만 따집니다. 예를 들면, 영어 문장을 생성하는 AI 같은 경우에 "I am a ○○○○"라는 문장의 공백에 들어갈 단어를 생성할 때 굉장히 높은 확률로 'boy' 혹은 'girl'과 같은 단어를 제시할 것입니다. 그러한 문장을 학습 데이터에서 많이 관찰했기 때문입니다. 이런 관찰을 통해 문장의 개연성을 학습하는 건데, 지금 코드 학습에 쓰인 AI 모델도 결국에는 개연성을 학습한 것입니다. 하지만 사람의 언어와 달리 프로그래밍 언어로 프로그램을 작성할 때는 개연성 뿐만 아니라 논리적 구조까지 고려해야 하는데, 현재는 이러한 논리적 구조를 제대로 학습하지는 않습니다.

저희는 이러한 기존 AI 학습 방법에다가 과거 수십 년 동안 저희 분야에서 연구해 왔던 소프트웨어 오류 분석기를 참여시키려고 합니다. 학습용 코드 데이터를 다 받아서 오류 분석기를 돌린 후 오류 분석기가 결과를 주면 그 결과까지 학습하는 방식입니다. 비유하자면 영어 문장을 학습을 할 때 무턱대고 문장을 외우는 것이 아니라 "이건 이래서 문법이 틀린 것이고, 이건 이래서 문법에 맞는 거고"하며 하나하나 따져가면서 학습하는 것입니다.

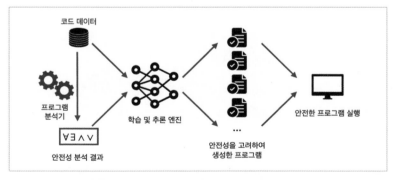

신뢰할 수 있는 AI 기술에 기반한 자동 프로그래밍 엔진

이렇게 AI 기반 자동 프로그래밍 엔진이 전부 학습되면 프로그램을 새로 만들 때 "너는 이제 좋은 프로그램과 나쁜 프로그램을 모두 이해하고 있으니까 좋은 프로그램만 만들어라."라고 AI에 이야기해 줄 것입니다. 그리하여 AI가 올바른 프로그램을 짜도록 만드는 것이 저희의 장기적인 목표입니다.

지금은 AI가 프로그래밍에 직접 참여하는 시대입니다. 따라서 신뢰할 수 있는 코드를 작성하는 AI가 필수고, 사람은 많은 경우 AI 코드에 의존할 것 같습니다. 그러면 생산성이 높아지는 장점도 분명히 있겠지만, 반대로 위험성도 높아질 것입니다. 이 때문에 앞서 말씀드린 것처럼 AI가 코드를 짜고 인간이 AI가 짠 코드를 검사하는 노예가 돼서는 안 됩니다.

그렇기 때문에 저희는 도전 의식을 갖고 있습니다. 소프트웨어 면역 시스템을 잘 만들어서 학습 데이터에 오류 코드가 있어도 실제 코드가 생성되었을 때 바로바로 차단할 수 있는 시스템을 만들어야 합니다. 그리고 나아가 근본적으로 코드 학습 자체를 굉장히 꼼꼼하게 할 수 있는 시스템을 실현할 것입니다.

이에 대해 충분히 자신도 있습니다. 오랜 기간 저희가 연구했던 게 결국 이 소프트웨어 오류 문제였기 때문입니다. 저희 분야에 훌륭하신 분들과 함께 쌓아올린 연구 결과를 이제는 AI 학습 과정에 투입하자는 것입니다.

또 몇 가지 추가하자면 다른 분야에 비해서 소프트웨어의 그릇된

AI, 세상을 만나다

행동은 정의하기가 훨씬 쉽습니다. 예컨대, 정치나 법률과 같은 분야에 AI가 적용될 때는 인종 차별을 비롯한 AI의 편향성과 같은 윤리적 문제들이 많습니다. 하지만 소프트웨어의 오류를 따질 때는 단지 프로그램의 논리적인 구조를 따져보기만 하면 되므로 논쟁거리가 없습니다. 그리고 같은 이유에서 그릇된 데이터를 자동으로 찾아내기도 다른 분야보다 훨씬 용이합니다. 그렇기 때문에 저희는 다른 분야에 비해서 훨씬 더 AI의 신뢰성 문제를 잘 극복할 수 있을 것 같다는 생각을 하고 있습니다.

지금까지 너무 AI에 대한 부정적인 이야기만 한 것 같아서 마지막은 밝은 그림 하나를 보여드리며 마무리할까 합니다. '달리(DALL-E)'라고 하는 그림 그리는 AI가 있습니다. 아래 그림은 제가 '달리(DALL-E)'한테 우리가 앞으로 함께 프로그래밍을 하는 미래를 그려보라고 시킨 결과물입니다. 인간인 제가 기획하고, AI가 그린 합작품입니다. 이 그림을 통해 저희가 꿈꾸는 프로그래밍 환경을 보여드리며 글을 마치고자 합니다.

-허기홍(KAIST 전산학부 교수)

DALL-E가 그린 프로그래밍의 미래

AI 기반 제품,
시장친화 방법은 없을까?

● 소비자를 당혹스럽게 만드는 AI의 능력

저는 기술경영학부 마케팅 교수입니다. 특히 심리학에 기반해서 소비자들의 행동을 연구하고 있습니다. 주로 AI에 대한 소비자들의 행동 반응이나 의사결정을 연구하고 있는데, 이 글에서는 소비자들이 인공지능에 의해 만들어진 제품이나 서비스에 대해서 어떤 반응을 보이는가에 대해 몇몇 굵직한 이론과 연구를 소개해드리겠습니다.

사실 소비자들에 대한 이해가 없으면 아무리 좋은 기술이라도 그것이 가져올 효과를 정확히 예측하기가 힘듭니다. 게다가 기술 채택의 시기가 늦어지고, 또 성공적으로 도입되기가 굉장히 어려워집니다. 때문에 소비자에 대한 이해가 반드시 기술 개발에 고려되어야 합니다.

현재 굉장히 다양한 분야에서 AI가 제품을 만들어내며 서비스를 제공하고 있는데, 가령 책을 구매한다면 바로 나의 기존의 책 구매 히스토리와 비슷한 책을 구매한 사람들에 관한 정보를 학습한 알고리즘이 다른 책을 추천하기도 합니다. 또 많은 회사들이 챗봇을 사용해서 고객센터를 운영하고 있습니다.

여기에 대해서는 굉장히 많은 불평과 불만이 소비자로부터 쏟아지고 있지만, 경제 절감의 효과로 많은 회사들이 AI서비스를 사용하고 있습니다. 또 이러한 챗봇이 소비자와의 소통에서 가지는 오류를 해결하기 위한 많은 기술이 개발되고 있습니다.

심지어 의료 진단 분야에서도 AI가 굉장히 많이 활용되고 있습니다. 예를 들어, 구글 헬스에서 여성 수만 명의 진단 데이터를 가지고 유방암 진단 알고리즘을 학습해서 진단하는데, 피검사자의 영상을 보고 양성인지 아닌지를 판독합니다. 이미 네이처에 발표된 논문에 공개된 것처럼 알고리즘의 진단 정확도가 인간 방사선 전문의를 훨씬 뛰어넘고 오진율도 더 낮은 것으로 알려져 있습니다.

한편 인간 고유의 영역이라고 인식되던 창작 분야에도 AI가 들어왔습니다. AI가 음악을 만든다는 것은 수년 전부터 사람들이 이미 알고 있고, 또 2016년 일본에서는 AI가 쓴 소설이 저자가 AI인 걸 밝히지 않은 채 문학상 예심을 통과했습니다.

2018년도에는 사람이 전혀 개입하지 않고 neural network를 이용해서 AI가 소설을 썼습니다. 《1 the Road》라는 책이 2018년도에 출간되었는데 평점도 제법 좋았습니다.

그리고 가장 최근인 올해 8월에 미국 콜로라도에서 미술 대회가 열렸는데 〈THÉÂTRE D'OPÉRA SPATIAL〉이라는 작품이 1위를 했습니다. 그런데 이 작품은 'Mid Journey'라는 텍스트를 통한 이미지 생성 AI 프로그램에 의해 탄생했습니다. 이 작품이 8월에 입상하면서 대단히 핫한 이슈로 떠오르는 반면, 기존의 아티스트들은 매우 분개하면서 공정성에 대한 논란이 일어나기도 했습니다.

붓질 한 번 없이 그려낸 인공지능 그림
Théâtre d'Opéra Spatial
(©shutterstock)

● 환영받지 못하는 AI, 해결책은?

지금 제가 설명해드린 것처럼 굉장히 다양한 분야에, 심지어 창작의 영역까지도 AI가 들어오게 되는데, 이에 대해 소비자들은 어떻게 받아들일까요?

이런 AI 제품과 서비스에 대해서 일반적인 소비자들의 반응은 굉장히 부정적입니다. 이와 같은 현상을 일컬어 '알고리즘 적대감(algorithm aversion)'이라고 부르는데, 소위 알고리즘 기피 현상은 다양한 분야에서 나타나고 있습니다.

가령 주가를 예측한다고 했을 때 정말 주식에 전문가인 사람이 주는 정보도 있고, 알고리즘이 수만 개의 데이터를 학습해서 주가 예측에 도움이 되는 정보를 줄 수도 있습니다. 그런데 사실상 알고리즘이 제시한 정보가 예측력이 훨씬 더 좋다고 할지라도 누구의 정보를 쓰겠냐고 물어보면 소비자의 반응은 알고리즘 정보에 신뢰감을 덜 느끼는 것으로 나타납니다. 인간에 비해 알고리즘이 더 좋은 퍼포먼스를 보인다고 해도 소비자들은 이걸 잘 사용하지 않으려고 하는 현상이 굉장히 많은 분야에서 나타나고 있습니다.

또 다른 사례로 Longoni와 Bonezzi가 2019년도에 발표한 논문을 들 수 있습니다. 이 논문은 메디컬 AI에 대해서 얼마나 거부 반응을 보이는지에 대한 실증 연구였습니다. 이 실험을 위해 대학교 학생들을 실험 참가자로 불렀습니다. 그리고 스트레스 레벨을 측정하는 것에 대한 실험이라 말하고 학생들한테 '스트레스란 무엇인가?' 그리고 '스트레스를 받았을 때 어떤 반응들을 보이는가?' 등 일반적인 설명과 더불어 사람들의 스트레스를 측정하는 방법에 대해 이야기했습니다. 구체적으로 스트레스를 검사하기 위해서는 타액 검사 스와이프로 입 안의 침을 채취한 다음, 검체를 시약에 담가서 스트레스 호르몬을 측정한 후, 설문지를 작성해서 측정된 데이터를 기관에 보내 분석한다고 얘기했습니다.

그런데 실험에는 두 가지 조건이 있었습니다. 실험자들은 두 조건 중 한 가지에 무작위로 할당되었습니다. 'human condition'에 배정된 학생들은 측정된 데이터를 검사센터로 보내면, 이 데이터를 의사

AI, 세상을 만나다

가 분석해서 결과를 알려줄 것이라고 하였습니다. 그리고 'computer algorithm condition'에 배정된 학생들에게는 결과를 컴퓨터 알고리즘으로 분석할 것이라고 얘기했습니다. 그 후 모든 참여자들은 스트레스 검사의 결과에 따라 어떤 조치를 취할 것을 권장할지 검사 결과와 더불어 알려줄 것이라는 얘기를 들었습니다. 또한 검사의 정확도는 인간 의사와 알고리즘의 조건 차이를 막론하고 모두 82~85%에 달하는 검사 결과 정확도를 보이고 있다고 알려주었습니다.

이렇게 정보를 준 후 실험 참여자들에게 스트레스 검사가 무료이고, 원하면 2주 내로 실험실을 다시 방문하여 검사를 받을 수 있다고 하였습니다. 그리고 각 조건별로 몇 퍼센트의 학생들이 이 테스트를 받을 의향을 밝히는지 비교 분석했습니다.

실험 결과는 다음과 같았습니다. 사실 똑같은 테스트고 똑같은 데이터, 똑같은 정확도를 보이는 스트레스 분석이었지만, 알고리즘이 분석했다고 했을 때 훨씬 더 적은 수의 사람들이 테스트를 받을 의향이 있는 것으로 나타났습니다. 대략 27%의 학생들은 알고리즘이 분석하는 검사에 테스트를 받겠다고 대답한 반면, 인간 의사가 분석한다고 했을 때는 대략 40% 정도의 참여자가 테스트를 받겠다고 대답했습니다. 결과적으로 똑같은 서비스지만 알고리즘이 분석을 제공한다고 하면 사람들이 거부할 확률이 더 높아지는 결과를 볼 수 있었습니다.

알고리즘에 대한 부정적 반응은 제품의 가치평가에서도 나타납니다. 저희 연구실에서 KAIST 직원분들을 대상으로 진행한 실험이 있습니다. 저희는 국내의 한 작가님이 알고리즘을 이용하여 만드신 작품을 가지고 실험을 진행하였습니다. 작가님의 동의를 얻어 작품을 조그만 캔버스에다 출력한 후 참여자들이 이 캔버스의 그림을 얼마에 구매할 의향이 있는지를 측정하였습니다.

실험에는 두 가지 조건이 있었습니다.

첫 번째, AI 컨디션에서는 이 그림이 AI에 의해서 만들어졌다고 얘기했습니다. 두 번째, human 컨디션에서는 작가분이 만든 그림이라 얘기하고 똑같은 그림을 보여주며 얼마의 지불 의사를 표할지 측정했습니다.

실험 결과 알고리즘 적대감이 가치평가에서도 나타났습니다. 사람이 그렸다고 했을 때는 평균 7천 원 정도에 캔버스를 산다고 사람들이 대답한 반면, AI에 의해서 만들어졌다고 하자 평균 4,800원 정도를 주고 사겠다고 의사를 표했습니다. 이것은 같은 작품에 대해서도 32% 정도 가치가 평가 절하된 금액입니다.

이처럼 AI에 대한 부정적 반응은 굉장히 많은 분야에서 나타나고 있습니다. 특히나 주관적인 태스크(task), 예컨대 취향을 맞춰야 한다든지, 재밌는 유머를 추천한다든지, 내가 좋아하는 음악을 추천한다든지, 데이트 상대를 추천해 준다든지 하는 도메인에서 훨씬 더 크게 나타납니다. 또 나에게 굉장히 중요한 상징적인 소비 영역에 있어서 이 알고리즘을 거부하는 현상이 훨씬 더 크게 나타나고 있습니다.

그런데 이 알고리즘 적대감은 큰 문제입니다. AI가 기술적으로 계

AI, 세상을 만나다

속 발전하고, 나날이 정확성도 높아지며, 예측도 더 잘합니다. 어떻게 보면 소비자들이 이걸 활용해서 의사결정을 더 잘 내릴 수도 있습니다. 그런데도 알고리즘 적대감으로 인해 소비자들이 이걸 받아들이지 않는 상황이 초래됩니다. 따라서 신기술 채용에 있어 큰 장애가 되고 있고, 또 수용에 있어서 지체 현상을 불러옵니다.

그리고 소비자 측면에서도 이렇게 정확도가 높은 AI 정보를 사용하면 더 좋은 의사결정을 내릴 수 있음에도 불구하고 이를 거부하는 태도를 보이게 만듭니다. 때문에 굉장히 'sub-optimal'한 'decision making'을 내리기 때문에 사실 심각한 문제가 되고 있습니다.

● 알고리즘 적대감을 어떻게 극복할 것인가?

알고리즘 적대감을 극복할 방안을 모색하기 위해서는 이 현상이 왜 일어났는지 이해하고 이를 기반으로 솔루션을 찾아야 합니다.

알고리즘 적대감이 일어나는 이유는 크게 세 가지 측면에서 생각해 볼 수 있습니다.

첫 번째, 알고리즘을 사용하면 인간의 자율성이 침해된다고 여기기 때문입니다. 인간은 심리학적으로 누구나 자율성(autonomy)에 대한 욕구를 지니고 있습니다. 내가 하는 의사결정에 대해서 내가 통제하고 싶고, 어느 정도의 자율성을 가지고 싶어 하는 게 인간의 보편적, 잠재적 욕구입니다. 그런데 알고리즘에 의한 의사결정을 따르면 이 의사결정에 대한 나의 자율성이 인간도 아닌 알고리즘에 의해 침해되는 것 같은 느낌을 받습니다. 그래서 인간이 하나의 사람이 아니라 알고리즘의 'object'로 다뤄진다고 생각하기 때문에 이런 자율성에 대한 우려가 알고리즘 적대감을 불러온다는 이론이 있습니다.

그럼 이에 대한 솔루션은 무엇일까요?

자율성을 보장해주면 됩니다. 그런데 재미있는 사실은 인간에게 자율성이 있느냐 없느냐는 굉장히 중요한 문제인 반면, 어느 정도의 자율성이 보장되는가의 문제에는 상대적으로 굉장히 둔감하다는 점입니다. 그래서 자율성을 조금이라도 주면 알고리즘에 대한 선호도가 확 올라가게 됩니다.

이에 관한 주제를 다룬 논문을 잠시 소개하겠습니다. 해당 논문은 사실 '알고리즘 적대감'을 처음 명명한 Dietvorst, Simmons, Massey 라는 세 연구자가 2018년도에 발표한 것입니다.

이분들은 유펜(University of Pennsylvania)의 연구자들이라서 유펜에 있는 학생들을 대상으로 실험을 진행했습니다. 실험에서는 20명의 고등학생들에 대한 데이터를 주고 학생 각각의 수학 시험 성적을 예측하게 했습니다. 그런데 그냥 예측하는 게 아니라 좀 유의미한 변수들을 줬습니다. 예를 들어, 학생들에 대한 인종, 사회경제적 상태, 장래 희망, 그리고 예상되는 최종 학력 등의 요소였습니다.

또 이와 더불어 원하는 참여자들에게는 수천 명의 학생을 대상으로 학습시킨 Statistical Model의 prediction을 볼 수 있는 옵션도 주었습니다. 이 Statistical Model은 수천 명의 학생들을 대상으로 학습하였기에 정확도가 높은 편이었지만, 모든 예측 모델이 그렇듯 이 Statistical Model의 prediction도 완벽하지는 않았습니다.

실험에는 4개의 조건이 있었고, 참여자들은 이 중 한 조건에 무작위로 할당되었습니다. 각 조건은 다음과 같았습니다.

- Can't-change condition
- Adjust-by-10 condition
- Change-10 condition
- User-freely condition
  (no choice but the model's forecasts were given for their own estimates)

Lack of decision control

첫째, ⟨Can't-change condition⟩에서는 참여자 스스로 예측하든 아니면 모델의 예측을 따르든, 둘 중 하나를 할 수 있습니다. 그런데 모델의 예측을 따른다고 결정하면 이 예측대로 결정을 유지해야 합니다. 한 번 선택한 예측을 변경할 수는 없었습니다.

둘째, ⟨Adjust-by-10 condition⟩에서는 모델의 예측을 따를 수도 있습니다. 그런데 이 경우에 참여자가 원하면 모델의 예측치를 기준으로 위아래로 10% 정도는 바꿀 수 있습니다. 예를 들어 모델이 70%라고 예측해도 참여자는 최종 답변을 60~80% 사이에서 기입할 수 있어 어느 정도의 자율성이 주어집니다.

셋째, ⟨Change 10 condition⟩에서는 20명의 학생에 대한 모델의 예측치 중에 10명에 대한 예측치는 참여자가 바꿀 수 있도록 하여, 절반에 대한 자율성을 보장을 해줬습니다.

넷째, 〈User Freely condition〉에서는 모델의 예측치가 주어지고, 참여자들은 이를 자유롭게 참고하여 스스로 예측하도록 하였습니다.

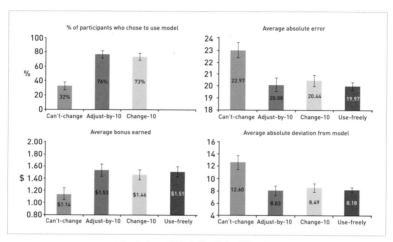

네 가지 조건의 수학 성적 예측 결과
(Dietvorst, Simmons, & Massey) 2018에서 인용

어떤 컨디션에서 참여자들이 알고리즘을 많이 썼을까요? 결과를 보면 굉장히 똑똑한 유펜의 학생들이 실험에 참여했음에도 불구하고 자율성이 없는 〈Can't change condition〉에서는 거의 70%의 학생들이 알고리즘을 안 쓰고 참여자 본인의 판단으로 예측하였습니다.

하지만 어느 정도 자율성이 있었던 다른 두 컨디션에서는 거의 75%의 사람들이 알고리즘의 데이터를 활용하는 결과를 보입니다.

AI, 세상을 만나다

그러면 정확도는 어떻게 바뀌었을까요?

알고리즘을 사용하는 컨디션이 훨씬 더 예측률이 높았습니다. 이 실험은 원래 예측률이 높은 참여자에게 보너스도 주었는데, 그래서 알고리즘을 많이 사용했던 컨디션에서 예측률도 훨씬 더 정확했고 보너스도 더 많이 가져갔습니다. 이 실험 결과, 알고리즘 사용률을 높이기 위해서는 어느 정도 자율성을 보장해주는 것이 중요함을 알 수 있었습니다.

● 나만의 개성을 알아주는 알고리즘

알고리즘 적대감이 일어나는 두 번째 이유는 'uniqueness neglect' 입니다.

인간의 특성 중 하나는 자신들의 상황이 평균의 사람들과는 다르다고 생각하는 것입니다. 사실 보통 사람들의 평균치를 내면 나의 데이터도 대개 그 평균치 중의 하나일 뿐입니다. 그런데 인간에게는 왠지 '나는 조금 달라'라고 생각하는 경향이 있습니다. 예를 들어, 내가 지금 머리가 아플 때, 머리가 지끈지끈 아프고 집중이 안 되는 굉장히 전형적인 두통 증상을 보임에도 불구하고, 왠지 나의 두통은 일반적인 두통과 조금 다른 점이 있다고 생각하는 게 인간의 심리입니다.

그래서 이 심리에 따르면, 알고리즘은 데이터 기반으로 분석하기 때문에 왠지 이 일반 데이터를 기반으로 한 분석에 나의 독특함(uniqueness)은 반영이 안 될 것 같습니다. 이처럼 알고리즘이 아무리 예측을 잘해도 '나는 일반적이지 않기 때문에 알고리즘이 준 정보가 나랑 안 맞을 거야.'라고 생각하는 경향이 있어서 알고리즘을 선호하지 않는다는 겁니다. 이런 심리를 'uniqueness neglect'라고 합니다.

그럼 이런 경우 어떻게 해야 될까요?

'personalized care'를 좀 강조해주면 됩니다. 사실 알고리즘, 예를 들어서 메디컬 알고리즘의 경우 AI는 해당자가 처한 컨디션도 고려할 수 있습니다. 그래서 해당인의 '메디컬 히스토리' 등을 종합적으로 분석해서 판독이 가능합니다. 이처럼 알고리즘 분석에 있어 개인의 독특함을 고려한다는 점을 강조해주면 알고리즘 적대감이 감소하지 않을까 싶어서 연구자들은 다음과 같이 실험을 진행했습니다.

실험에서 참여자들은 네 개 조건에 무작위로 할당되었습니다. 실험에서 참여자들이 수술을 받을 수도 있는 상황을 가정한 후, 수술을 해야 할지 말아야 할지를 정확히 몰라서 일단 테스트를 진행하는 과정을 상정했습니다. 그 뒤 참여자들은 각자 실험 조건에 따라 테스트 결과를 알고리즘 또는 의사가 분석할 것이라는 얘기를 들었습니다.

그리고 실험에서는 한 가지를 더 조작하였습니다. 즉 'personalized salient condition'에서 한 문장을 추가하였는데, 알고리즘이나 의사가 데이터를 분석할 때 개개인의 유니크(unique)한 특성에 대해서 고려해서 분석할 것이라는 정보였습니다.

그 후 참여자들은 테스트 분석 결과가 수술을 추천한다고 얘기를 듣게 되고, '이 권고(recommendation)를 얼마나 받아들이겠는가?'를 측정하였습니다. 다음 그래프가 권고 순응 확률을 측정한 결과입니다.

AI, 세상을 만나다

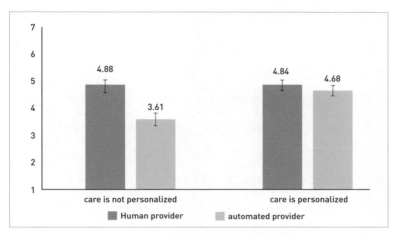

권고 순응 확률도
(Longoni, Bonezzi, and Morewedge 2019)에서 인용

'personalized care'에 대한 얘기가 안 됐을 때는 알고리즘 적대감이 나타나게 됩니다. 왼쪽 그래프에서 보이는 것처럼 알고리즘이 테스트 분석을 한다고 하면 '3.61' 정도만 따르겠다고 하는 결과로 나타납니다. 이 수치는 의사가 분석할 경우 나타난 평균 수치인 '4.88'에 비해 유의미하게 낮습니다. 그래서 위의 왼쪽 그래프에서는 알고리즘 적대감이 나타났음을 볼 수 있습니다. 하지만 오른쪽 그래프를 보면 "너의 유니크한 특성을 고려해서 테스트 분석할 거야."라는 정보가 들어가는 순간 알고리즘에 대한 순응도가 올라가는 경향을 보입니다.

● 정성 들인 알고리즘이 선호된다

왜 이렇게 알고리즘으로 뭔가 만든다고 하면 '일단 이건 별로야'라고 생각할까요? 아마도 인지된 노동량(perceived labor)이 굉장히 작기 때문이라고 생각됩니다. 인지된 노동량은 어떤 것을 만들거나 서비스를 제공할 때 내가 느끼는 '이것을 만들기 위해서 얼마나 많은 노력, 시간, 에너지가 소모됐는지'에 대한 느낌이고, 굉장히 심리적 요소라서 사람마다 느끼는 바가 다릅니다.

이 인지된 노동량(perceived labor)이 중요한 이유는 사람들이 왠지 시간과 노동이 많이 들어간 것은 좋아 보이고, 그래서 조금 더 가치를 높게 평가해야 될 것처럼 느끼기 때문입니다.

그런데 AI라고 하면 사람들이 굉장히 빨리 모든 걸 해내는 것을 연상합니다. AI 하면 소비자들이 연관시키는 콘셉트는 사실 '시간 절약(time saving)' 또는 '노동 절약(labor saving)'입니다.

하지만 알고리즘이 특정 태스크(task)를 처리하기 위해서 얼마나 많은 데이터를 학습하는지 소비자들은 잘 모릅니다. 정말 많은 데이터를 학습하고, 굉장히 많은 에너지가 소모되는 과정입니다. 학습이 된 상태에서 알고리즘은 결정을 굉장히 빨리 내리지만, 이 수준에 도달하기 위한 데이터 학습량과 에너지 소모량에 대한 정보를 알려주면 AI에 대한 부정적 태도가 없어지지 않을까 생각했습니다.

이 가설을 검증하기 위해 다음 사진 속 그림에서 보이는 바와 같이 빅터 웡(Victor Wong)이라는 사람이 개발한 AI 로봇인 제미니(Gemini)가 그린 작품을 실험에 사용하였습니다. AI 로봇이 이 작품을 그리는 데 50시간이 소요됐다고 합니다. 한 폭의 동양화를 그리기 위해 학습한

AI, 세상을 만나다

시간까지 고려하면 훨씬 더 많은 시간이 소요되었을 것으로 예상되는데, 이 정보를 활용해서 실험을 진행하였습니다.

먼저 네 개의 그룹으로 참여자들을 랜덤하게 나누어서 그중 절반에게는 해당 그림을 인간 화가가 그렸다고 알려주었고, 나머지 절반에게는 AI가 그렸다고 알려준 다음 그림을 보여줬습니다. 그리고 그중에 절반에게는 'labor information', 즉, 이 그림을 그리는 데에 50시간이 걸렸다는 정보를 준 후 그림에 얼마나 가치가 있는지 평가하도록 했습니다.

실험 결과, 'labor information'에 대한 정보가 제공되지 않은 상태에서 AI가 만들었다고 하면서 똑같은 그림을 봤을 때는 훨씬 더 가치를 낮게 평가했습니다. 그런데 그냥 딱 한 문장, "이 작품을 만드는 데 50시간 걸렸습니다."라는 정보가 추가되는 조건에서는 AI와 인간 화가가 그린 작품의 가치 평가 간에 유의미한 차이가 없어지는 상황을 발견하였습니다. 작품을 만든 시간에 대한 정보 제공 하나로 AI가 만든 작품의 가치가 약 40% 정도 올라가 인간 화가의 작품에 대한 가치평가와 비슷해지는 것입니다.

이런 성향을 이용해 AI가 만든 제품이나 서비스를 사람들에게 이야기할 때 얼마나 많은 노동력, 그리고 데이터 분석량이 AI 학습에 활용되었는지를 강조하면 소비자들의 거부 반응을 줄일 수 있지 않을까 생각합니다.

　이처럼 세 가지 측면, 요컨대 '자율성 침해', 'uniqueness neglect', 'perceived labor'의 요소가 알고리즘 적대감의 여러 프로세스에 작용하고 있음을 정리해보았습니다. 이와 같은 사실을 감안해 소비자의 입장을 고려한 AI 개발이 이루어질 때 좋은 제품이 시장에 적극적으로 수용될 수 있으리라는 기대감을 갖게 됩니다.

-**허영은**(KAIST 기술경영학부 교수)

AI는 원숭이보다
투자를 잘할까?

● 내가 들고 있는 채권은 오를까 내릴까?

2011년 8월, 역사상 최초로 미국의 신용등급이 강등되었습니다. 역사상 최초, 신용평가사(credit rating agency)가 생긴 이후로 처음 있는 일이었습니다. 당시 헤지펀드 투자자였던 제가 투자했던 대상은 일반적인 헤지펀드보다 조금은 더 리스크를 많이 취하는 종류의 상품이었습니다.

그런데 당시 미국의 신용등급 강등은 며칠, 아니 거의 몇 달 전부터 경고되고 있었지만, 저는 관심이 없었습니다. 제 관심사는 오로지, "내가 들고 있는 채권은 오를까 내릴까?"였습니다.

통상 신용등급이 내려가면 채권 가격도 내려갑니다. 신용등급이 내려간다는 것은 당연히 나중에 돈을 못 갚을 확률도 올라간다는 겁니다. 그러니 값이 떨어질 수밖에 없습니다.

그런데 이게 미국의 상황이라면 문제는 굉장히 복잡해집니다.

얼마 전에 우크라이나와 러시아가 전쟁을 할 즈음, S&P가 러시아의 신용도를 '정크 등급(CC)'으로 강등했습니다. 실제로 이때 러시아

채권이 엄청나게 폭락하게 됩니다.

그런데 요즘 러시아가 다시 살아남에 따라 골드만 삭스가 러시아 재무부 채권(treasury bond)을 엄청 샀습니다. 몇 달 만에 아마 60% 정도는 수익을 봤을 것입니다.

한편 일반적으로 '고등급 선호현상(flight to quality)'이라는 개념이 있습니다. 주식시장이 많이 빠지고 뭔가 투자해도 안 올라갈 것 같으면 통상 안정적인 투자 대상으로 돈이 몰립니다. 그리고 세상에서 제일 안정적인 건 US 달러입니다. 그래서 통상 파이낸스에서는 안전자산(risk free asset)의 대리(proxy)는 미국의 세 달짜리 '재무부 단기 증권(treasury bill)'입니다. 즉 미국식 예금인 셈입니다.

이때 우리는 좀 모순적인 상황에 직면하게 됩니다. 미국의 신용등급이 강등된 것은 정말 역사상 최초로 있었던 일이기 때문에 당연히 시장이 혼돈에 빠질 수밖에 없는 상황이었습니다.

우리는 교과서에서 신용등급이 떨어지면 채권값이 떨어진다고 배웠습니다. 당시 2011년에 저는 기계 학습 기반으로 시그널을 만든 퀀트 펀드(Quant Fund)*를 운용하고 있었습니다.

그때 시그널 제너레이터가 두 개 있었는데, 하나는 "시장이 흔들리면 채권 쪽에 베팅을 해라", 다른 하나는 "채권이 흔들리면 그다음으로 채권의 수익률을 낮춰라", 즉 팔라는 시스템이었습니다. 그런데 어떤 일이 있었을까요? 결론만 말씀드리면, 신용등급이 강등됐는데

---

* 수학 모델을 이용해 시장의 움직임을 바탕으로 컴퓨터 프로그램을 만들고 이에 근거해 컴퓨터가 투자 결정을 내리는 펀드

AI, 세상을 만나다

반대로 미국 채권은 그날 엄청 뛰었습니다.

기억이 정확하지는 않지만, 채권의 특성상 많이 변동되어 봤자 하루에 1%면 어마어마한 등락의 변동폭입니다. 그때 저는 10년 채권을 들고 있었는데, 주가는 미국 S&P가 한 6~7% 빠졌습니다. 하지만 신용등급이 떨어졌음에도 불구하고 채권은 당일 장기채인 15년채가 5% 올랐습니다. 사람들은 미국의 신용등급이 강등됐다는 사실보다는 '그거는 굉장히 안 좋은 뉴스고, 그러니까 나는 돈을 안정적인 곳에 옮겨야지. 그 안정적인 곳이 미국 채권이다.'라고 생각합니다. 그러다 보니 역설적이게도 미국 채권이 다시 폭등해버린 것입니다.

● 미네르바의 부엉이는 주식시장에서 돈을 벌지 못한다

미네르바의 부엉이는 온갖 사건사고가 일어난 낮 시간이 지나고 해가 저문 뒤에야 기지개를 켭니다. 지혜는 사건을 지켜본 후 그에 대한 관조와 사색 속에서 나오는 경우가 많습니다. 마찬가지로 금융시장의 거대한 이벤트들이 지나고 나면 지금이야 이렇게 해석은 할 수 있습니다. 하지만 우리는 숨가쁘게 돌아가는 주식시장에서 베팅을 해야 합니다. 따라서 한 템포 늦은 부엉이가 아니라 미리 위험을 감지하는 스파이더맨이 될 필요가 있습니다.

미국의 신용등급이 강등되기 조금 전에 CNBC*에서 나온 기사를 보면 사람들은 이미 강등될 걸 알고 있었습니다. 결국은 베팅의 문

---

* CNBC(Consumer News and Business Channel)《미국의 케이블 TV네트워크》

제였습니다. 심지어 사건이 발생하기 며칠 전에 나온 뉴스를 보면 '신용 강등 다음에 무슨 일이 일어날지 100% 확신하는 사람은 사기꾼'이라고 이야기합니다.

당시에 결과적으로 저희는 돈을 벌었습니다. 시스템이 두 개 있었는데, 사실 저희가 좀 밀어붙인 측면이 있습니다. 두 개 중에 하나에 그냥 베팅을 한 것입니다. 그런데 금융시장에서 무언가를 예측한다고 하는 것은 본질적으로 실측 자료(ground-truth)가 없이 계속 베팅을 하는 거고, 굉장히 많은 인공지능을 만들 수는 있습니다. 그리고 그 중에서 트레이닝이 굉장히 잘 됐다고 해도 그 인공지능의 예측 결과가 완전 반대의 얘기로 나올 수 있습니다. 그럼 결국 마지막에 선택하는 건 사람의 몫이 될 수밖에 없습니다.

주식 쪽에서 굉장히 재미있는 사례가 하나가 있는데, 예컨대 상품, 그러니까 원유(crude oil)나 가스(gas) 등 요즘 핫한 품목에는 두 종류의 상품 트레이더가 있다고 알려져 있습니다. '잘하는 사람'과 '못하는 사람'이죠. 어차피 이 분야에서는 다들 '트렌드 팔로잉(trend following)'이라는 전략을 쓰는데, 그걸 잘하는 사람과 못하는 사람이 있을 뿐 전부 다 트렌드 팔로어입니다.

그런데 골드만삭스 상품부(commodity division)의 전신인 마운트 루카스(Mount Lucas)라는 헤지펀드가 제가 공부하던 프린스턴 시내에 있었습니다. 거기에 프린스턴에서 경제학 박사를 받은 사장님이 계셨는데, 그분이 최초로 '퀀트 추세 매매 원자재펀드(quant trend following commodity

AI, 세상을 만나다

fund)'를 만들었습니다. 이게 너무 잘되어서 나중에는 골드만삭스에 팔렸죠.

개발한 본인은 알고리즘을 활용해 만들었다고 했으나, 막상 그분이 은퇴 후에는 똑같은 알고리즘을 쓰는데도 투자 대상마다 폭락을 했습니다. 결국 뭔가 100% 예측한다고 하는 것은 결국 신의 영역인 것 같고, 우리가 현시점에서 뭔가 예측가능 프로그램을 만들었다고 믿더라도 미래는 여전히 알 수 없는, 본질적인 미지의 영역이 있는 것 같습니다.

아무튼 인공지능이라는 기술과는 별개로, 도대체 펀드매니저의 역할이 뭔가 되돌이켜 보면, 1973년에 당시 프린스턴 경제학과 교수였던 버튼 말키엘(Burton Malkiel) 교수가 쓴 이 분야의 고전적인 책이 한 권 떠오릅니다.

책 제목이 《A Random Walk Down Wall Street(1973)》인데, 다음의 그림을 보면 눈을 가린 원숭이가 있죠. 그리고 잘 보면 《Wall Street Journal》의 주식 섹션에 다트를 던집니다.

말키엘 교수는 랜덤하게 다트를 던져서 주식이 나오는 상황을 상정해 포트폴리오를 만들었을 때의 성과와, 월가에서 돈을 엄청 많이 받고 MIT, IVY League, 스탠퍼드 등을 나와서 연봉을 엄청 많이 받는 사람들이 만든 포트폴리오의 성과가 똑같다고 주장했습니다. 다만 그때는 그냥 실증적(empirical) 시뮬레이션을 몇 번 해서 보여준 것이긴 합니다.

한편 Research Affiliates의 CEO 롭 아노트(Rob Arnott)도 이 분야에서 꽤 유명한 사람인데, 이 사람이 "말키엘 교수는 틀렸다. 내가 해보니까 원숭이가 더 낫더라."라고 2013년에 《Journal of Portfolio Management》에 발표합니다.

궁금해서 저도 한번 해봤습니다. 원숭이가 랜덤하게 다트를 던지면 그 역시 어떤 확률분포(probability distribution)를 보여줄 것입니다. 그런데 퍼포먼스의 확률분포를 찾아보니까 아무도 이런 실험을 해본 적이 없었습니다.

그래서 제가 해봤습니다. 히스토그램은 실제 미국 뮤추얼 펀드의 (미국 뮤추얼 펀드는 기본적으로 리포팅할 의무가 있어서 다 공개가 됨) CRSP라는 데이터베이스에서 받아왔습니다.

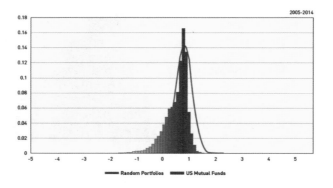

Uniformly Distributed Random Portfolio vs. Mutual Fund

AI, 세상을 만나다

앞의 그림은 실제 미국 뮤추얼 펀드계에 있는 모든 펀드매니저의 퍼포먼스입니다. 그리고 빨간 선이 원숭이가 다트에 던진 퍼포먼스에 따른 수익률입니다. 보다시피 빨간 게 조금 더 나아 보입니다.

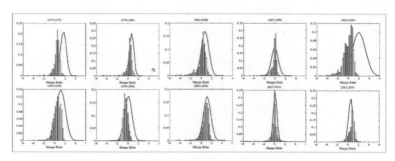

Uniformly Distributed Random Portfolio vs. Mutual Fund

위의 그래프를 보아도 아시겠지만, 전부는 아니라도 대체로 뮤츄얼 펀드보다 'UDRP(Uniformly Distributed Random Portfolio)'의 수익률이 더 높습니다. 본질적으로 원숭이가 더 낫다는 결론입니다.

그러면 펀드매니저는 '도대체 왜 우리는 투자를 대리하고 돈을 받나?', 심하게는 '우리가 뭘 할 수 있지?' 하는 생각이 들 수 있습니다. 아니면 위의 그래프 중에도 잘하는 애들이 있는데, '이들은 그냥 랜덤하게 한 건가?' 하는 질문이 나올 것입니다.

사실 금융산업은 그 당대에 존재하는 최선의 기술을 씁니다. 그런 기술들을 다른 하드웨어 없이 바로 돈으로 만들 수 있는 게 금융업입니다. 그런데도 이런 황당한 상황이 벌어졌습니다.

단, 여기서 예외를 하나 말씀드리면, 어떤 새로운 기술이 나왔을 때 확실히 돈을 벌 수 있는 영역이 하나 있긴 합니다. 그게 바로 초단타매매(high-frequency trading) 쪽입니다.

통상 우리가 '호가창(limit order book)'이라고 부르는 공간에서 가령 "나는 이 가격에 팔고 싶다."라고 하는 사람들이 쭉 줄을 서 있다고 가정해 봅시다. 반대편에는 "나는 이 가격에 사고 싶다."라고 하는 사람들이 쭉 줄을 서 있는데, 그러다가 사겠다는 사람과 팔겠다는 사람들이 만나게 되면 그때 거래가 성립됩니다. 상식적으로 생각했을 때 팔겠다고 하는 사람이 엄청 많으면 가격이 떨어질 가능성이 높습니다. 반대로 사겠다는 사람이 많으면 가격이 올라갈 가능성이 높을 것입니다.

이걸 연구해서 울산과학기술원(UNIST)의 교수님과 박사 제자, 그리고 다른 대가 교수님이 연구한 게 있습니다. 한국 시장에다가 마르코프 체인(Markov chain)을 적용해 측정(calibration)한 결과입니다. 굉장히 똑똑한 박사과정 제자와 두 달간 부지런히 연구했다고 합니다.

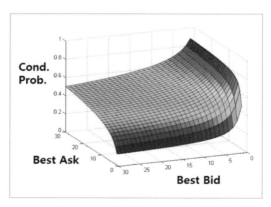

Conditional probabilities of mid-price going up

AI, 세상을 만나다

그랬더니 위와 같은 조건부확률이 나왔고, 여기에다가 동적 계획(dynamic programming)의 최적 제어(optimum control)를 제시해서 의사결정을 하는 식으로 연구를 진행했습니다. (얼핏 들어도 어려워 보이죠?)

그런데 이 과정에서 인공지능이 활용되기 정말 좋은 지점이 있습니다. 과거에는 통상 확률미적분학(stochastic calculus) 기반의 전통적인 금융 수학을 활용했던 영역에서 박사학위 받은 사람 정도가 겨우 할 수 있다고 알려진 계산 과제가 있습니다. 그런데 인공지능은 데이터만 대강 던져놓으면 이 복잡한 계산들을 엄청 쉽게 잘합니다. 그리고 이렇게 예쁜 그림으로 결과를 내놓습니다.

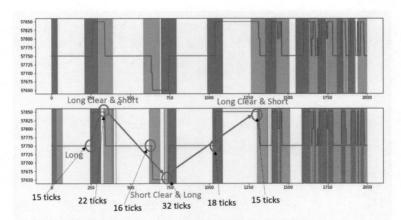

Note: Long at Mid-Price and Long Clear at Mid-Price is equivalent to:
• Long with Limit Order (Best Bid) and Long Clear with Market Order (Best Ask)
• Long with Market Order (Best Ask) and Long Clear with Limit Order (Best Bid)

인공지능의 결과 분석

위의 그림은 호가창 데이터로부터 도출된 삼성전자 선물의 분석 결과입니다. 약간은 성능이 떨어지는 느낌이 있지만, 박사급이 낼 수 있는 결과와 거의 유사하게 그냥 딥러닝으로 도출할 수 있었습니다. 그리고 금융시장에서는 이 정도 수준에서도 빨리 분석만 하면 돈이 벌립니다. 결국 문제는 분석 속도입니다.

그러면 이런 생각을 해 볼 수 있습니다. 혹시 〈21〉이라는 영화를 보신 분이 있을지 모르겠습니다. MIT의 천재들이 블랙잭 카드 카운팅(card counting)을 해가지고 라스베이거스의 카지노에서 일확천

영화 〈21〉

금을 하는 내용의 영화입니다. 실화를 기반으로 한 영화인데, 여기에서 말씀드릴 핵심은 카드 카운팅이 아닙니다.

'켈리 스트래티지(Kelly Strategy)'라는 이론이 있는데, 내가 가지고 있는 돈 중에 얼마를 베팅하는 게 최적인가에 관한 겁니다. 내용은 기본적으로 로그효용함수(log utility function)를 가지고 최적화(optimization) 문제를 풀어주면 그때 얼마만큼 베팅 금액을 받는가에 대한 것입니다. 이 과정에서 약간의 추정(assumption)이 필요하긴 한데, 지배전략(dominant strategy)이라는 걸 증명할 수가 있습니다.

이 이론을 에드워드 소프(Edward Thorp)라는 수학 교수가 창안했는데, UC LA에서 박사학위를 받았고 MIT 교수를 지냈습니다. 그가 카드

AI, 세상을 만나다

카운팅을 한 이유는 그걸 사용해야 승률이 50% 이상으로 올라가기 때문이었습니다. 그래서 실제로 돈을 많이 벌긴 했는데, 결국 라스베이거스에서 두들겨 맞고 쫓겨나게 됩니다.

그렇게 모든 카지노에서 출입금지를 당한 뒤에 그는 가만히 생각을 합니다. '금융시장은 카드 카운팅 안 해도 내 승률이 50% 이상이고, 돈 번다고 두들겨 패지 않겠네.'

이런 고민 끝에 그는 펀드를 만듭니다. 그게 프린스턴 뉴포트 파트너스(Princeton Newport Partners)입니다.

에드워드 소프(Edward Thorp)

제가 생각하기에 이분의 천재적 진면목은 사실 켈리 스트래티지로 돈을 벌어서가 아니고 '블랙 숄즈 포뮬러(Black-Scholes formular)'를 이미 이 공식이 발표도 되기 전에 활용했다는 데에 있습니다. 이 공식은 1970년대 초반에 나왔고, 90년대에 노벨상을 탄 '옵션 프라이싱(option pricing)' 포뮬러인데, 이 전설적인 투자자 에드워드 소프는 블랙과 숄즈가 논문을 쓰기도 전인 60년대에 이걸 먼저 혼자 계산해 낸 것입니다.

다만 블랙과 숄즈는 이 공식으로 논문을 써서 노벨상을 탔고, 에드워드 소프는 이 공식을 먼저 알아

$$\frac{\partial V}{\partial t} + \frac{1}{2}\sigma^2 S^2 \frac{\partial^2 V}{\partial S^2} + rS \frac{\partial V}{\partial S} - rV = 0$$

$$c = S_0 N(d_1) - K e^{-rT} N(d_2)$$
$$p = K e^{-rT} N(-d_2) - S_0 N(-d_1)$$
$$\text{where } d_1 = \frac{\ln(S_0/K) + (r + \sigma^2/2)T}{\sigma\sqrt{T}}$$
$$d_2 = \frac{\ln(S_0/K) + (r - \sigma^2/2)T}{\sigma\sqrt{T}} = d_1 - \sigma\sqrt{T}$$

Black-Scholes formular

내 가지고 투자해서 돈을 벌었다는 데에 차이가 있습니다. 에드워드 소프는 60년대 옵션 거래 시장에서 혼자 해당 옵션의 적정 가격(fair price)을 알고 있었던 것입니다. 남들은 모르는데 혼자 알고 있으니 돈을 벌기가 너무 쉬웠을 겁니다. 투자 대상 종목이 향후 오를지 내릴지를 거의 한 70~80% 확률로 알고 있었던 셈입니다.

여기서 굉장히 재밌는 사실이 하나 있습니다.

사실 헤지펀드 인더스트리(hedge fund industry)에서 성공의 척도는 수익률이 아닙니다. 수익률의 척도(measure)는 AUM(Assets Under Management), 즉 내가 돈을 얼마나 굴리고 있느냐에 달려 있습니다.

가령 요즘은 매니지먼트 비용이 많이 내린 추세지만, 제가 헤지펀드 매니저를 할 때는 '2-20 business percent'를 많이 썼습니다. 내가 굴리고 있는 돈의 2%를 매년 매니지먼트 비용으로 받고, 그다음에 내가 설정한 벤치마크보다 초과 수익이 나면 그 초과 수익분에 대해서 20%를 받는 것입니다. 하지만 초과 수익을 항상 거둘 수 있는 게 아니라 불안정(unstable)합니다. 따라서 매니지먼트 비용이 결국은 헤지펀드 하우스(hedge fund house)의 가치가 되는 것입니다.

일반적으로 '1조 굴린다' 그러면 감탄하는데, 1조의 2%면 200억입니다. 세금과 직원 임금 등 제반 비용을 제외하면 1조 굴리는 헤지펀드도 사실 CEO의 실제 수익은 10억이면 잘 가지고 가는 겁니다. 그래서 헤지펀드는 초반에 수익률이 많이 나오는 걸 보여준 다음 투자 규모를 키우는 게 일반적인 비즈니스 전략입니다.

그런데 에드워드 소프는 어느 한도 이상으로 펀드를 받으면 그다

AI, 세상을 만나다

음에 펀드를 폐쇄했습니다. 이상합니다. 왜 그랬을까요?

자본시장에서 돈을 벌려면 본질적으로 싸게 사서 비싸게 팔면 됩니다. 그런데 이게 시장이다 보니 내가 이득을 취하기 위한 행위 자체가 오히려 나의 이득에 반하게 시장에 영향을 줍니다. 내가 사면 가격이 오르고 팔면 가격이 떨어집니다. 그래서 에드워드 소프는 적당히 이익을 볼 수 있을 만큼만 적정 지점에서 펀드를 설계했습니다. 굉장히 윤리적이면서도 훌륭한 사람이었다고 평가하고 싶습니다.

● 서초동은 되게 무섭습니다

미국의 헤지펀드한테 제일 무서운 것은 SEC(Securities and Exchange Commission, 미국 증권거래 위원회)에서 이메일이 날아오는 일입니다. 한국으로 따지면 금감원 정도에 해당합니다.

그런데 전 세계 어디든 금융산업은 규제보다 항상 앞서 나갑니다. 그러다 보니 전 세계의 금융산업 규제 분야에서는 범죄가 생겨도 해당인을 처벌할 규정이 없는 경우가 종종 있습니다. 그래도 어쨌든 개인에 대해 수사를 합니다. 가령 2011년에 '주식워런트증권(ELW)'에 관련된 사건이 있었는데, 그때도 해당 사건이 무죄일 거라는 걸 알면서도 금감원에서는 고발을 했습니다. 그리고 검찰에서 대법원까지 보냈지만 피고인 펀드매니저는 결국 무죄로 풀려났습니다.

그럼 무죄니까 괜찮느냐? 아닙니다. 그때 ELW를 하던 사람들은 3년 동안 본인의 커리어가 날아가버렸습니다. 이게 무서워서 사람들이 이상한 짓을 안 합니다. 최근에 '기계 학습 기반의 이상거래 탐지' 프로젝트를 진행했는데, 거래소 분들 정말 일 잘하십니다. 저희 프로젝트의 동태를 바로 감지하고 전화가 옵니다.

● 쩐주錢主는 누구인가?

자산운용 산업의 측면에서 우리나라는 사실 되게 작은 시장이었습니다. 그런데 통상적으로 국가가 선진국 수준에 도달하면 자산운용산업이 폭발적으로 증가합니다. 잉여 자산이 늘어나서입니다. 그래서 2018년에 1천조로 불리던 게 2021년에 1,300조로 증가했습니다. 이런 식으로 1년에 10%씩 성장을 할 거고, 앞으로도 여러 가지 이유 때문에 1년에 10~15% 정도 무조건 성장할 시장인 건 맞습니다.

그러면 우리가 산업이라는 측면에서 봤을 때 거의 GDP에 육박하는 돈을 자산운용산업이 굴리고 있는데, 이 돈은 어디서 나오는가 알아보면 가장 큰 자본의 원천은 국민들의 노후 자금입니다.

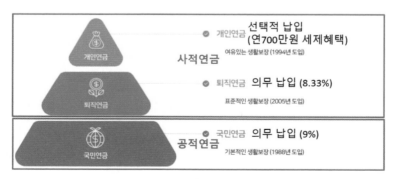

OECD 권고 3층 노후보장체계

AI, 세상을 만나다

자본시장에서 굴리는 돈의 대부분은 본질적으로 보험과 연금인데, 보험에는 뭔가 자산으로서의 자격을 부여하지 않습니다. 중요한 건 연금입니다. 가령 교직원들이 내는 사학연금이나 일반 국민들이 내는 국민연금, 특히 국민연금이 950조 정도로 GDP의 절반 정도입니다. 그러다 보니 자본시장에서 투자에 관련된 헤지펀드 매니저들이 항상 콘퍼런스 때마다 무조건 초대하는 사람이 연금 관계자입니다.

하지만 안타깝게도 주요 고객은 연금이지만, 연금의 주인은 굉장히 많은 평범한 사람들이라는 점이 문제입니다. 그리고 이 돈은 다시 돈 많은 굉장히 일부의 사람을 위한 자산운용 산업에 사용됩니다.

결론적으로 우리나라 자본시장 혹은 자산운용 시장이 성장하는 이유는 다음과 같이 요약할 수 있습니다.

평범한 직장인은 공적 연금인 국민연금에 기준소득월액의 9% 중 절반을 내고 있고(지역가입자는 본인이 온전히 부담), 사적 연금에는 15% 정도를 내고 있습니다. 결국 평범한 사람의 임금에서 기준소득월액의 최대 24%가 자본시장으로 계속 흘러 들어가 쌓이고 있는 셈입니다.

그런데 우리가 이렇게나 돈을 많이 내는데도 불구하고 우리 사회엔 당면한 여러 가지 문제가 있습니다. 대표적으로 출산율을 들 수 있습니다.

출산율이 낮은 직접적인 위험 요소는 바로 OECD 국가들의 노후 빈곤율 때문입니다. 즉, 은퇴한 사람들이 얼마만큼 빈곤하느냐에 대한 지표인데, 우리나라는 이런 나쁜 통계 지표에서는 1등을 잘합니다. OECD 평균이 10%대 초반인데 반해 우리나라는 한 10년 전까지 49.8% 정도였습니다. 은퇴하면 둘 중에 하나가 빈곤했습니다. 그래서 이후 기초연금을 도입하면서부터 44%로 내려갔지만, 아직도 40%대 초반입니다.

여기에서 한 발 더 나아가 생각해 봅시다. 가령 내가 나중에 은퇴를 하려면 지금 차를 사야 하냐 안 사야 하냐는 굉장히 중요한 결정입니다. 왜냐면 차를 안 사면 그 돈이 다른 데에 투자되어서 더 가치 증식을 할 수도 있기 때문입니다.

(단위: %)

한국	44
미국	23
이스라엘	19.9
칠레	17.6
스위스	16.5
영국	15.3
캐나다	12.2
프랑스	3.6
노르웨이	4.3

※2017년 기준
자료: OECD·통계청

OECD 주요 국가들의 노후빈곤율

이런 의사결정을 가만히 생각해 보면 사람을 프로파일링하는 것부터 어떤 복잡한 자본시장의 투자 대상을 이해하고 적절한 의사결정을 내리는 것, 그리고 그 결과를 굉장히 빠른 시간 안에 측정 가능(scalable)하게 풀어내는 것들이 AI에서 지금 하려고 하는 일의 본질과 흡사해 보입니다.

그런데 안타깝게도 금융 산업에서는 산업 전체가 첫 3년 동안 돈 벌 수 있는 AI를 찾느라고 시간을 낭비합니다. 생각보다 이쪽 산업 종사자가 많지 않은 탓도 있겠습니다만, 테크니컬한 디테일을 말씀드리자면, 본질은 이렇습니다.

실질적으로 산업 차원에서 보면 투자산업의 주인은 그냥 평범한

AI, 세상을 만나다

사람들의 돈이 모인 '집합 자본'입니다. 그런데 산업의 특성상 좋은 서비스는 굉장히 극소수의 사람들만 받습니다. 일론 머스크, 돈이 많아 보이지만, 국민연금에 비하면 그의 재산은 별 거 아닙니다. 그런데도 불구하고 정말 이 산업 자체를 규정하는 사람들은 지금 제대로 된 서비스를 받지 못하고 있습니다. 다른 부차적인 문제는 뒤로 하더라도 심지어 내가 얼마를 내는지도 모릅니다.

결론만 말씀드리면, 산업적으로는 자금 운용 산업이라는 것 자체가 똑똑한 사람들이, 인건비 비싼 사람들이 일일이 해줘야 되는 노동집약적인 산업입니다. 따라서 금융지식은 부족하지만 돈을 낸 절대다수의 사람들이 오히려 금융산업으로부터 소외될 수 있는 구조입니다.

그런데 지금 금융산업에서 AI를 사용하면 사람의 노동력을 써서 할 수 있는 일을 되게 저렴하게, 그냥 너무 잘하는 사람은 아니어도 평범한 사람의 결과물은 만들어낼 수 있는 것 같습니다. 가령 자연어 처리(natural language processing)와 같은 어려운 작업이 아니더라도 말입니다.

그리고 이를 통해서 산업적으로, 나아가 우리 사회가 당면한 노후 빈곤 이슈까지 인공지능으로 조금은 해결할 수 있지 않을까 하는 생각으로 평소에 연구와 강의에 반영하고 있습니다.

―김우창(KAIST 산업및시스템공학과 교수)

KAIST에서 바라보는
AI 시대의 교육이란?

● 'AI 교육', 'AI로 교육'?

제가 속한 항공우주공학과에서 '교육'적으로 특별한 활동을 떠올려 보면 학부생들이 인력 비행기 만들어서 대회에 출전하거나 그들이 창업한 회사에서 로켓을 개발해 발사하는 장면 등이 연상됩니다. 특히 항공우주공학은 시스템에 대해 배우는 학문이라 저는 이론이 현실화되는 과정을 서로 함께하는 것이 교육이라는 생각을 많이 합니다.

AI와 교육…. 이 두 화두가 제 전공은 아니지만 대학에서 학생을 가르치고 있는 일반적인 의미의 교육자 입장에서 몇 개의 키워드를 언급하고 생각해 보는 것으로 지면을 채우는 책임을 대신해 보겠습니다.

인터넷 매체를 검색해보면 '인공지능을 수업에 어떻게 활용할 것인가?', 'AI와 맞춤형 교육 시대가 온다.' 혹은 'AI 관련 교육 현황' 같은 얘기들을 흔히 찾아볼 수 있습니다. 이런 얘기들을 쭉 훑어보면, 'AI'와 '교육'에 대해서 크게 두 가지 방향의 목표가 있는 것을 볼 수 있습니다. 하나는 'AI를 교육에 사용'하겠다는 목표이고, 다른 하나는 학생들에게 'AI를 교육'하겠다는 목표입니다. 즉, "AI라고 하는 새로운 지식을 어떻게 교육할 것인가?", 아니면, "세상이 바뀌어서 AI 시대가 됐는데, 그러면 교육이라는 걸 어떻게 하는 게 맞는 것인가?" 이 두 가지 방향에서의 고민이 있다고 볼 수 있겠습니다.

그런데 체계적으로 분석한 것은 아니지만, AI의 활용에 대한 내용이 더 현실적으로 많이 논의되고 있는 것도 알 수 있습니다. 또 'AI와 교육'이라고 하는 주제에서의 '교육'이란 아직은 대학 교육보다는 그 이전 단계의 유·초·중등 교육을 말하는 경우가 많은 것을 볼 수 있습니다.

자료를 검색해 보면 알 수 있듯, 이런 두 가지 방향의 고민은 해외에서도 비슷하게 이루어진다는 것을 볼 수 있습니다. 예를 들어, 유네스코에서도 AI와 교육에 대해서 관심을 가지고 있습니다. 그리고 그 관심의 초점은 아직까지 주로 'AI를 교육에 어떻게 활용할 것인가?'에 조금 더 맞추어져 있습니다.

따라서 인터넷 매체 등을 통해 확인하고 검색할 수 있는 논문 및 자료를 바탕으로 AI와 교육에 대해 최근의 주목할만한 내용을 공유해 보겠습니다. 적은 지면을 통해 비전공자인 제가 AI와 교육에 대해 깊은 얘기를 하기는 어렵겠지만, 함께 관심을 공유하는 유익한 장이 되기를 바라며 이야기를 시작하겠습니다.

AI, 세상을 만나다

● 교육 속 일상이 된 AI

'AI와 교육'을 생각해 볼 때, 사실 'AI'라는 단어 자체는 우리 주변에 이미 친숙하게 자리잡고 있는 것 같습니다. (그게 어디까지 진짜 인공지능인지에 대해서는 좀 회의적입니다만….)

가장 흔한 사례는 광고입니다. 요즘 TV를 틀어보면 인공지능이 사용되었다는 교육 상품 광고가 엄청나게 많습니다. 예를 들어, 유재석 씨도 노래를 부르면서 퍼레이드를 하시고, 이정재 배우도 "개구리는 심장이 두~개지요~~"라며 광고를 하십니다.

그런데 이건 결국 초등학생을 대상으로 한 스마트 학습기기, 그러니까 인터페이스 기기 자체로 보면 일종의 태블릿 타입을 활용한 교육 상품입니다. 그리고 이런 형태의 교육 상품은 현재 시장에 무척 많은 것 같습니다. 저희 둘째도 지금 초등학교 3학년인데, 이런 기기를 한번 써봤습니다. '엘리ㅇㅇ'를 샀었는데, 일주일 동안 기계를 빌려주더군요. 일단 한번 해보고 마음에 들면 계속 가고, 마음에 안 들면 중단해도 되는 겁니다. 저희는 일주일 해보고 답답함을 느끼긴 했습니다.

이런 기기들이 얼마나 인공지능이라고 불릴 수 있는지는 논외로 하겠습니다. 원래 상품에는 아주 약간의 인공지능이 포함되어 있으면 모든 게 다 인공지능인 것처럼 과대포장되곤 합니다. ('바나나우유' 속에 바나나가 별로 안 들어가는 것처럼) 인공지능이라는 키워드가 새로움의 상징이다 보니 그 이름을 딴 다양한 교육 상품이 만들어지는 것 같습니다.

그런데 '왜 이런 것들이 필요한가?', '이런 기기들이 정말 필요하고 효과적인가?'의 문제는 차치하고서라도, 일단 굉장히 중요한 메시지 하나는 전달하고 있는 것 같습니다. 가령 '밀○티'를 보면 '맞춤 학습 밀○티'라는 카피 문구가 나옵니다. 다른 예에서도 비슷한 문구를 볼 수 있는데요, 이를 관통하는 메시지는 AI를 교육에 활용했을 때 '맞춤형 교육'이 가능하다는 것으로 보입니다. 따라서 '좀 더 개인화, 맞춤화된 교육이 필요하고, 그것이 AI를 통해서 가능할 것이다.'라는 인식을 교육 분야 전문가 및 산업계에서는 공통적으로 인식하고 있다는 점을 이 광고를 통해 간접적으로 느낄 수 있었습니다.

● 유네스코는 AI에 대해 무슨 생각을 하나?

이처럼 AI와 관련해 이미 시장은 바뀌고 있습니다.

그러면 가치를 지향하는 사람들은 어떻게 움직이고 있을까요? 예를 들어, 공신력 있는 국제기구인 '유네스코(UNESCO)'는 'AI와 교육'에 대해서 무슨 얘기를 하고 있을까요? 인터넷 등 쉽게 찾을 수 있는 매체를 이용해서 그들이 하고 있는 얘기를 찾아봤습니다.

'AI와 교육'에 관한 유네스코의 입장은 일단 긍정적인 것 같습니다. AI가 어쨌든 교육에서 어려운 부분인 '학습'이나 '수업'에 도움이 될 것이라고 평가하는 듯합니다.

유네스코가 바라보는 교육의 목표가 몇 가지 있는데, 그중 '지속가

AI, 세상을 만나다

능한 발전 목표(sustainable development goal)'라고 불리는 네 가지 레벨이 있습니다. 지금 전 세계적으로 이 'SDG4'를 달성하는 게 유네스코가 가지고 있는 어떤 문제 인식인 것 같고, '그것을 AI의 도움으로 가속화할 수 있지 않을까?'하는 기대를 가지고 있는 듯합니다.

그런데 조금 전에 말씀드린 교육 상품 광고는 어쨌든 제품의 시장성을 창출하고자 하는 광고주의 소망을 반영한 것일 테고, 국제기구인 유네스코는 그런 상업적 의도가 배제된 반대 견해도 내세우지 않았을까 하는 궁금증이 들었습니다.

그래서 찾아보았더니, 역시 '리스크'나 '도전'들이 여전히 많이 있기 때문에 AI 교육을 실제로는 꽤나 걱정하고 있는 게 보였습니다. '정책(policy)'이나 '규제(regulation)'를 만들기도 전에 뭔가 '너무 빨리 가고 있다.'라는 인식을 하고 있는 것 같습니다. 이런 염려가 반영된 관점이 바로 '포용성(inclusion)'과 '공정성(equity)'입니다. 보편적 가치를 지향하는 국제기구로서 합당한 걱정이라 생각됩니다.

지금 우리는 코로나 상황을 겪으면서 스마트 기기에 대한 접근성으로 인한 불평등 때문에 실제로 교육의 격차가 발생한다는 이야기를 종종 듣습니다. AI를 이용한 교육 역시 초기 의도는 이러한 교육 격차를 줄여보려는 취지였을 것입니다. 하지만 스마트 기기 소유의 불평등이라는 현실적 여건을 생각할 때, 이 역시 교육 격차를 벌려놓는 결과가 될 수도 있습니다. 해당 AI에 기술적 접근(access)이 가능한 어떤 그룹에는 도움이 되겠지만, 그렇지 못한 그룹에는 도움이 안

되거나 심지어 기술 소외 현상을 심화시킬 수 있습니다. 유네스코의 고민도 바로 이 지점에 있습니다.

　그래서 한두 가지 거대 프로젝트가 돌아가고 있는 것 같습니다. 유네스코에서는 'Artificial Intelligence in the Future Learning'이라고 하는 프로젝트를 준비했습니다. 여기서는 결국 AI가 미래의 어떤 학습 등을 잘 대행해 줄 수 있을 것 같은데, 특히 AI로 뭘 잘할 수 있을 건지에 대한 고민이 담겨 있습니다. 아울러 특정 행동들은 삼가도록 하는 일종의 '윤리적(ethical)' 가이드라인도 고민하는 것 같습니다.

　또한, AI의 주요역량을 어떻게 하면 잘 이해할 수 있을 것인가 하는 측면에서도 고민하는 듯합니다. 이런 고민은 AI에 필요한 스킬들을 학교에서 어떻게 교육할 것인가, 그런 프레임워크를 어떻게 만들 것인가에 대한 고민으로 이어집니다.

　결국 AI라고 하는 게 데이터의 집합을 잘 만들어 놓는 데서부터 출발하므로 데이터의 저장소나 리소스를 어떻게 관리할 것인가에 대한 고민이 동반될 수밖에 없습니다. 그리고 커리큘럼을 만들고 AI 기반의 트레이닝을 어떻게 반영할 것인가 하는 고민들 역시 필수입니다.

　이와 관련해 2019년 코로나 팬데믹 직전, 베이징에서 의미 있는 사건이 하나 있었습니다. 'International Conference AI Education'이라는 학회에서 '베이징 컨센서스(Beijing Consensus)'라는 합의문을 도출했습니다. 합의문의 주요 내용 중 하나는 교육에 AI를 활용할 때 정

AI, 세상을 만나다

책적으로 어떤 것들을 고려해야 되는지, 예컨대 교육 경영(education management)이나 전달(delivery)에 관련된 부분, 그리고 티칭(teaching)을 강화하기 위한 정책을 잘 만들어야 하는 부분입니다.

한편 교육 평가 부분에서는 AI가 실제로 많이 사용되고 있습니다. 예를 들어, 코세라(Coursera) 같은 데서도 자동으로 채점을 하고 있습니다. 또 AI 시대에 어떤 스킬을 갖춰야 될 건가에 대해서도 고민합니다. 궁극적으로는 일종의 평생교육(lifelong learning) 기회를 제공하기 위해서 AI가 무엇을 할 수 있을지에 대한 정책적인 고민들이 필요하다고 생각해 그에 대한 어젠다(agenda)들도 제시하고 있습니다. 예를 들면, AI를 교육에 사용할 때 어떤 점들을 고려해야 하는지, 그리고 AI 시대에 대비해 교육은 어떻게 바뀌어야 하는지에 대한 고민입니다.

이건 결국 AI를 맞이해 교육이 좀 더 확대될 수 있는 부분들에 대한 고민으로 귀결됩니다. 따라서 이슈 측면에서는 '공정하고 포괄적(equitable and inclusive)'인 것을 중요한 항목으로 보고 있습니다. 특히 공정성에는 여러 측면이 있겠지만 성적으로 동등한(gender equitable) AI도 필요하고, 또 AI를 활용하면 성평등(gender equality)을 더욱 잘 도모할 수 있지 않을까 하는 고민도 담겨 있는 것 같습니다.

아울러 '윤리적 투명성(ethical transparency)'에 대한 얘기들도 많이 나오고 있습니다.

일단 AI 기반의 교육이 되기 위해서는 교육도 의료 분야와 마찬가지로 누군가에게 맞춤화된 데이터가 어디엔가 많이 쌓이게 됩니다. 따라서 그런 것들을 어떤 방식을 통해, 얼마나 투명하고 윤리적으로 관리할 것인지에 대한 고민이 필요합니다.

이처럼 유네스코의 현재 입장을 살펴보면 이런저런 다양한 고민이 많습니다. 하지만 아직 뭔가 문제만 던지고 있는 상황이라고 할까요? 거시적 차원에서 특정 부분들을 고민해야 된다거나, 따라서 각 가입국들이 그에 맞춰 교육 제도들을 만들어야 한다는 수준에서 큰 프레임만 제시하는 차원으로 보입니다.

● 국내의 연구 상황은 어디까지 왔을까?

한편 국내에도 교육학 분야에서 최근 인공지능에 관련된 연구를 집중적으로 하시는 분들이 꽤 있습니다. 특히, 제가 인터넷 검색을 통해 의미있게 찾은 자료는 고려대학교 교육학과 박인우 교수님과 대학원생 이효진 님의 〈인공지능과 교육〉*이라는 수업교재용 문서였습니다. 국내 연구상황은 이 자료에 나온 내용을 짚어보면 큰 틀에서 중요한 쟁점들을 알 수 있을 것 같습니다.

앞서 유네스코에서는 교육에서 AI의 기능을 기회의 균등성이라는

---

* https://wikidocs.net/book/5807

측면에 주목해 다루었다면, 이 글은 교육적인 관점에서 근본적으로 '인공지능은 교사가 될 수 있는 것인가?', '인공지능의 판단을 신뢰해도 되는 건가?', '맞춤형 교육이라고 하는데 이게 결국 긍정적 효과가 있을 것인가?', '인공지능이 평가했을 때 학습자는 긍정적 인식을 가지는가?' 등에 주안점을 맞춘 자료라고 볼 수 있습니다. 그리고 세부적으로 교육이라고 하는 것이 단순히 지식 전달을 뛰어넘어 아이들의 정신적 측면 강화, 다시 말해 자존감을 높이거나 하는 등의 기능이 있는데, 이런 영역에서 과연 인공지능을 활용할 수 있는 것인가에 대한 고민도 담겨 있었습니다.

따라서 이런 교육목적을 위해 현재의 교육 환경에서 인공지능이 적합한가, 인공지능을 교과로 만드는 게 바람직한가, 그리고 어린 초등학생들에게 인공지능 기반의 교육을 하는 게 과연 효과적일 것인지에 대해 논의하고 있습니다.

이중 특히 중요하게 살펴볼 수 있는 몇 가지 대목을 들어 보면 다음과 같습니다.

우선 '인공지능이 교사가 될 수 있는가?'의 문제입니다.

'교사'라는 단어를 결국 '가르치는 사람'이라고 이해했을 때, 이를 인공지능으로 대체했을 경우의 장점에는 무엇이 있을까요? 예컨대 자료를 검색한다든가 학생에 대한 정보를 저장하고 파악하는 데이터 관리·통계의 측면에서는 인공지능이 피드백을 더 잘 제공할 수 있을 것으로 생각합니다. 그리고 인공지능으로 뭘 만들어 놓으면 활동이 더 다양해지는 측면도 있습니다. 다양한 방식의 평가가 가능한 것도 장점 중 하나일 것입니다.

다만 'AI가 인간을 대체할 교사가 될 수 있느냐?'의 문제에서 발생하는 딜레마는 근본적으로 '윤리적 측면'에서 집중적으로 발생할 것으로 보입니다. 가령 학생한테 어떤 콘텐츠를 보여줬는데, 이게 사실은 딥페이크로 만든 거라면 진짜가 아닌 것을 보고 학생이 속을 수 있지 않을까 하는 점입니다. 그리고 인공지능이 애초에 학습하도록 디자인되지 않은 '이상한 것'을 배워서 아이에게 가르치려고 하지나 않을지에 대한 우려 등이 있습니다. 즉, 긍정적, 부정적 측면이 동시에 존재하고 이를 상보적인 관계로 만드는 것이 중요합니다. 아울러 다양성과 접근성을 확대한다는 측면에서는 AI 교육을 긍정적으로 볼 수 있지 않을까 하는 기대감을 이 자료에서 읽어낼 수 있습니다.

반면, '정말 이게 다일까?' 하는 고민들도 있는 것 같습니다. 교육을 지식의 학습에만 국한한다면 모르겠지만, 무릇 우리가 얘기하는 교육이란 인간의 가치 부여와 목적성이 상당히 개입된 행동이기 때문에 여전히 인공지능이 모든 걸 다 할 수 있지 않을 것 같다는 결론을 내립니다. 예컨대 교사는 지식 전달만 아니라 교육에 어떤 방향성을 설정해서 학습자들이 그 방향으로 가도록 만들어 새로운 인간을 만들어야 합니다. 그런데 그 새로운 인간의 방향성을 인공지능이 제공한다고 하는 것에는 동의하기 어렵다는 의견입니다. 따라서 인공지능을 도구 정도로만 사용하는 게 어쨌든 현재 상태에서는 적합한 것 같다는 차원에서 논의가 전개됩니다.

또 하나 눈여겨 볼 수 있는 문제는 교육적 차원에서 인공지능이 판단한 걸 신뢰할 수 있는가에 관한 견해입니다.

'판단'이라고 하는 건 교육을 계획하고 교육안 전체를 만든다든가, 아니면 방향성을 설정하고 실행하며, 교육안을 수정하고 평가한 후 피드백을 받는 모든 과정을 포함합니다. 그리고 이 과정에 교육자의 '판단'이 개입되는데, 여기에 대해 인간을 대체한 인공지능의 판단을 신뢰할 수 '있다'와 '없다'라는 두 가지 입장이 있습니다.

'신뢰한다'는 입장은 결국 인공지능에 의해 개별화된 맞춤형 교육이 가능해진다고 보는 쪽인데, '왜 인공지능은 개별화가 가능할 것인가'에 대해서 좀 논리적(logistic) 측면의 접근을 한 것 같습니다. 가령 교사 한 명은 많은 학습자들의 학습 상황이나 태도를 파악하기 어렵지만, 인공지능이라고 하는 계산이 빠른 도구를 동원하면 동시다발적으로 많은 피드백을 한꺼번에 얻을 수 있습니다. 따라서 데이터를 종합하는 정도의 능력만 교사가 가지고 있어도 맞춤형 수업이 가능해질 것이라는 논리에 기반해 내린 결론 같습니다.

반면 '신뢰하기 어렵다'는 입장은 인공지능이 말한 것, 판단한 것의 신뢰성에 대한 의구심, 그리고 '무엇을 가르쳐야 될 것인가'에 대한 방향성까지 인공지능이 설정하는 것이 현시점에서는 아직 적절하지 않은 것 같다는 생각이 반영되어 있습니다.

한편 AI 교사의 신뢰도 문제는 평가 측면에서도 제기됩니다. 인간 교사의 평가는 더 주관적일 것이므로 인공지능의 도움을 받은 평가가 더 공정할 것이라는 입장이 있고, '과연 그럴까'라는 회의적 시각도 있습니다.

정서적인 측면에서도 AI교사에 대해 찬성하는 사람들이 있습니다. 찬성의 근거는 인공지능도 (착하게?) 잘 만들어지면 학생을 혼내지 않는 교사, 아니면 적어도 말이라도 좀 부드럽게 하는 교사가 될 것이라는 점입니다. 인간 교사의 경우 사람이기 때문에 화가 날 수밖에 없는 때가 있으므로 그런 측면에서는 정서적으로 오히려 인공지능이 더 낫다고 보는 입장도 있습니다. 물론 이에 대한 반박도 있습니다만….

여전히 정답은 아직 없습니다. 하지만 인공지능 교육에 대한 다양한 고민들이 요구되다 보니 여러 얘기들이 오가고 있는 중입니다.

끝으로 교육을 받을 권리에 대한 논의도 있습니다. 아이들에게는 교육받을 권리가 있는데 개별화된 맞춤 교육이 가능한 AI 교육이 왜 초등 교육에는 안 되냐는 주장과, 반대로 '교육의 개별화'를 받아들이고 싶지 않은 아이들도 있을 거라는 데에 근거한 주장의 대립입니다. 사실 이 두 주장은 하나의 현상에 대한 서로 다른 해석이라고 볼 수 있습니다. 그 만큼 아직은 AI 교육에 대한 관점과 이로 인해 기대되는 현상에 대한 예측이 확실치 않은 데에 따른 논쟁이라고 볼 수 있을 것 같습니다.

이렇듯 AI를 교육에 활용하는 데에는 여러 가지 고민할 지점이 있고, 아직은 명확한 답이 있기보다는 더 나은 방식을 위한 아이디어

AI, 세상을 만나다

들을 모색하고 있는 단계로 볼 수 있습니다.

● AI, 벌써 교과목으로 만든다고?

2021년 2학기 때 고교 진로 선택과목으로 '인공지능' 과목이 생겼다고 합니다. 이런 소식에 조금 우려되는 점은 그것이 정말 새로운 내용인지, 기존의 컴퓨터 관련 교과목과 특별히 다른 게 있냐는 것입니다. '인공지능 수학'이라는 과목도 고교 진로 선택과목으로 생겼다고 하는데요, 교과 내용을 살펴보지 못한 입장에서 할 수 있는 얘기는 아니겠지만, 우리의 중등교육이 과연 이 수업을 잘 가르칠 수 있을지 의문이 생깁니다.

실제로 딥러닝 등의 내용을 제대로 이해하기 위해서는 벡터, 미적분학의 개념을 이해해야 하는데, 고교 수학 내용으로 이를 어떻게 잘 설명할 수 있을지 등에 궁금증이 생깁니다.

또 하나는 이러한 새로운 인공지능 교과목을 잘 가르칠 수 있는 교수 역량을 갖춘 선생님이 계신가 하는 부분도 있습니다. 이를 전공한 현직 선생님은 일선 학교에 많지 않으실 것이고, 외부 전문인력의 도움을 받아야 합니다. 그런데 과연 이것이 방과 후 수업을 뛰어넘는 공신력 있는, 지속가능한 교과과정으로 정착될 수 있느냐는 고민이 필요한 부분입니다.

● 대학의 공학 교육에서는
인공지능을 어떻게 봐야 할까요?

'engineering education using AI'를 검색하면 다양한 논의들을 찾을 수 있습니다. 그중 한두 가지 정도를 소개해드려 보겠습니다.

2020년에 《International Journal of Engineering Education》에 실린 〈Artificial Intelligence Aided Engineering Education : State of the Art, Potentials and Challenges〉*라는 논문을 보면, 공학교육에서 AI 활용에 대한 로드맵이 잘 정리되어 있습니다.

이 로드맵을 보면 2020년대는 결국 AI를 보조 도구(supporting tool)로 쓰는 측면이 있고, 그래서 개인화(personalization)가 주요 키(key)인 것 같습니다. 그리고 커리큘럼을 계획하고, 가르치는 사람을 도와주는 툴로 생각하는 것 같습니다. 나아가 AI와 관계된 어떤 프로젝트, 아니면 그런 교재를 개발할 수 있지 않을까 하는 측면들도 좀 있어 보입니다. 예컨대 인터랙티브한 교육 기기나 교재를 AI를 활용하면 만들수 있지 않을까 하는 것입니다.

그다음으로 2030년쯤 되면 대학 자체가 '인텔리전트(intelligent)'해져야 된다고 말합니다. 여러 가지를 이야기하고 있는데, 예컨대 자율적으로 무크(MOOC: Massive Open Online Course)를 만들 수 있는 그런 시대가 온다고 보고 있는 것 같습니다. 그리고 'course work' 자체를 최적화·최소화해 가장 효과적으로 만드는 데 AI를 활용할 수 있지 않을

---

* José L. Martín Núñez and Andrés Díaz Lantada, "Artificial Intelligence Aided Engineering Education: State of the Art, Potentials and Challenges," International Journal of Engineering Education, Vol. 36, No. 6, pp.1740-1751, 2020.

AI, 세상을 만나다

까 기대하고 있습니다.

이외에 'AI aided engineering education'이라 검색해 보면 비슷한 맥락의 논의들을 찾을 수 있습니다. 'AI for Education'이라고 하는 새로운 전공 분야 자체가 만들어져야 하는 시대가 도래하지 않았나 하는 전망이 제시되고 있습니다.

한편 대학에서는 이런 새로운 변화를 위해 무엇을 하고 있는지 찾아봤더니, 선도적인 대학들이 발견되었습니다. 다음의 사진은 콜로라도주립대의 게시판입니다. 이 대학에서는 'Engineering Education and AI-Augmented Learning IRT'라는 조직을 하나 만들었습니다. 기존의 교육학과와는 다르게 교육대가 아니고 공대에 있는 조직입니다. 다만, 교육학과와 적극적으로 협력하면서 각 학과 등에서 자신들의 교육에 AI를 쓰고 싶으면 적극 지원해주는 조직으로 보입니다.

(이를테면 AI 지원실?)

콜로라도 주립대의 게시판

이들의 활동은 여기에만 머물지 않는 것 같습니다. 대학 자체의 교육뿐만 아니라 교육 지원 대상이 'K-16(Kindergarten to Sixteen)'에 걸쳐 있습니다. 유치원부터 대학교 학부 과정까지 전반적인 교육의 AI화를 지원하는 조직을 만들어서 AI 시대 교육의 주도권을 가져가려고 노력하는 것 같습니다.

다음으로 카네기멜론대(CMU)에서는 AI와 'Future of STEM(Science, Technology, Engineering, Mathematics)' 교육에 대해서 일종의 심포지엄을 개최해 AI와 STEM 교육을 어떻게 통합할 것인지를 함께 논의했습니다. 예컨대, 현재 대학 교육을 좀 바꾸는 것도 있고, 이전의 'K-12'에서부터 어떻게 STEM 교육에 AI를 잘 활용할 수 있을 것인가, 그리고 이 과정에서 대학이 어떤 역할을 해야 하는가에 대해 여러 대학들이 고민을 하고 있습니다.

공대 입장에서 AI와 교육이라고 하면 AI를 공학 교육에 어떻게 쓸 것인가의 측면도 있지만, 반대로 AI 시대에 공학 교육이 어떻게 바뀌어야 할 것인가의 측면도 고민해 봐야 합니다. 때문에 AI를 위해 어떤 공학 교육을 해야 할지 많은 사람들이 논의하고 있습니다.

2019년 《EE Times Europe》에 실린 영국 사우샘프턴(Southampton)대학 공대 학장의 인터뷰를 잠깐 읽어보면, (그는 전산학과 AI를 공학의 일부가 아닌 다른 범주에 속한 학문으로 보고 있습니다.) 쉽게 말해 모두들 AI를 하고싶어하는데, 전통적인 공학분야는 "어떻게 먹고 살 거냐?"라는 질문을 던지고 있습니다.

공대가 바뀌어야 한다는 메시지이고, 새로운 교육 프로그램을 만들어야 된다고 이야기하고 있습니다. 특히, AI 시대에는 설계기반접근법(design based approach)보다는 문제기반접근법(problem based approach)이 필요하다고 합니다.

● KAIST에서는?

지금까지 전반적으로 AI가 교육에서 어떤 역할을 할 것인가, AI 시대의 교육은 어떻게 될 것인가에 대한 여러 가지 고민들을 함께 생각해봤습니다. 끝으로 'KAIST에서는 뭐 하지?'라는 생각을 마지막으로 좀 던져볼까 합니다.

수년간 많은 학과들에서 AI 관련 교육을 위해 노력하고 있는 것 같고, 새로운 과목도 많이 개설되었습니다. KAIST는 세상이 바뀌면 흐름에 맞춰 빨리빨리 변하는 곳이기 때문에 필요한 것을 잘 교육해야 하는 '니즈(needs)'가 당연히 있습니다.

교과 수업에서 AI를 활용하는 것은 초중등 교육과 비슷하게 '어떻게 AI를 활용해서 맞춤화, 개인화할 것인가?', '그 맞춤화 개인화가 지금까지 우리가 했던 1대 1 방식의 대면 수업에 비해 어떻게 더 나아질 것인가?'에 대한 고민일 것입니다.

KAIST에서는 'Education 4.0', 'Education 4.0Q'와 같이 교육의 개념과 방식을 보다 인터랙티브하게 변화시키고자 노력하고 있습니다. 이러한 틀 안에서 교재나 지원 도구를 만드는 데 AI를 잘 활용하거나 하는 등의 방식이 가능할 것 같습니다.

그런데 연구중심 대학인 KAIST에서는 수업에서의 AI 활용과는 좀 다른 측면이 있습니다. 개인적으로 느껴지기로 KAIST에서 저희가 하는 교육의 70%는 수업이 아니라 연구 지도에 가까운 것 같습니다. KAIST에서 하는 연구는 여타 연구소와는 달리 대학원생을 '연구자'로 교육하기 위한 과정이라 볼 수 있습니다. 이런 관점에서 AI가 과연 정말 도움이 될 것인가 하는 부분에 대해 아직 답은 없습니다. 좀 더 고민이 필요한 지점이라고는 생각합니다.

앞서 소개한 논문 중에 초등생한테는 혼내지 않는 AI 선생님이 정서적으로 도움이 된다는 대목을 읽다가 동일선상에서 '딥페이크 지도 교수가 혼내지 않는 어떤 표정으로 얘기를 하면 학생들이 더 좋아

할 것인가?' 하는 다소 장난기 어린 생각까지 해보았습니다.

또 개인적으로는 AI의 역할이 절실한 영역도 있습니다. 지도하는 학생이 좀 많은 편인지라 모든 학생들이 어떤 연구를 어디까지 진행하고 있는지 세심하게 파악하고 도와주기가 쉽지 않습니다. 이때 누군가 자동 추적 관리를 해준다면 조금 편하겠다는 생각은 듭니다. 가령 어떤 학생의 논문연구를 지도할 때 '현재 논문 작성 과정에서 리스크는 어떤 게 있는지 파악해서 잘 관리해주는 도우미 (AI 논문 코디네이터?)가 있다면 정말 좋지 않을까?'라는 생각을 해봤습니다. 또한, 대학원생의 논문연구에서는 방대한 분야에서 새로우면서도 연구해 볼만한 논문 주제를 선정하는 것이 중요합니다. '그런 주제를 발굴하는 데 AI가 역할을 한다면 좋지 않을까?'라는 생각도 좀 해봤습니다.

대학에서 학생을 가르치는 사람으로서 'AI와 교육'이라는 문제에 대해서 한 번쯤 생각해 볼 필요가 있을 것 같아서 글로 정리해 보았습니다. 비전공자가 주로 인터넷 검색을 통해 얻은 얕은 지식과 정보로 이야기를 풀어가다보니 너무 두서가 없었던 것 같습니다. 그래도 공학자로서, 교육자로서 어떤 지점들에 대해 좀 더 생각을 기울여야 할지에 대해서는 나름대로 방향을 찾은 점에서는 의의를 찾게 됩니다.

바야흐로 새로운 '시대'라고 불릴 만큼 AI에 대한 열망이 큰 시기입니다. 그리고 이러한 흐름이 정말 교육의 패러다임을 바꿀 전환점이 될지, 아니면 약간의 도구적인 편리함을 주는 정도에 머무를지는 좀 더 지켜봐야 할 것 같습니다. 하지만 분명한 것은 이러한 변화 속에서 어떤 대안과 해법을 찾을 수 있을지를 가르치는 사람으로서 계속 고민하고 연구해야 한다는 점일 것입니다.

–최한림(KAIST 항공우주공학과 교수)

AI, 세상을 만나다

KAIST 인공지능연구원
Melting Pot Seminar

함께해 주신 분들

김동휴(영국 글래스고대학 교수)

박경렬(KAIST 과학기술정책대학원 교수)

신진우(KAIST 김재철AI대학원 교수)

윤세영(KAIST 김재철AI대학원 교수)

이의진(KAIST 전산학부 교수)

장기태(KAIST 조천식모빌리티대학원 교수)

전치형(KAIST 과학기술정책대학원 교수)

정재민(KAIST 문술미래전략대학원 교수)

정희태(KAIST 생명화학공학과 교수)

주재걸(KAIST 김재철AI대학원 교수)

최호용(KAIST 기술경영학부 교수)

한지영(KAIST 문술미래전략대학원 교수)

황성주(KAIST 김재철AI대학원 교수)

황의종(KAIST 전기및전자공학부 교수)

AI, 세상을 만나다

초판 1쇄   2022년 12월 22일

지은이   KAIST 인공지능연구원
발행인   김재홍
기획·총괄   전재진
교정/교열   김혜린
디자인   현유주
마케팅   이연실

발행처   도서출판지식공감
등록번호   제2019-000164호
주소   서울특별시 영등포구 경인로82길 3-4 센터플러스 1117호 (문래동1가)
전화   02-3141-2700
팩스   02-322-3089
홈페이지   www.bookdaum.com
이메일   jisikwon@naver.com

가격   18,000원
ISBN   979-11-5622-774-8 13500

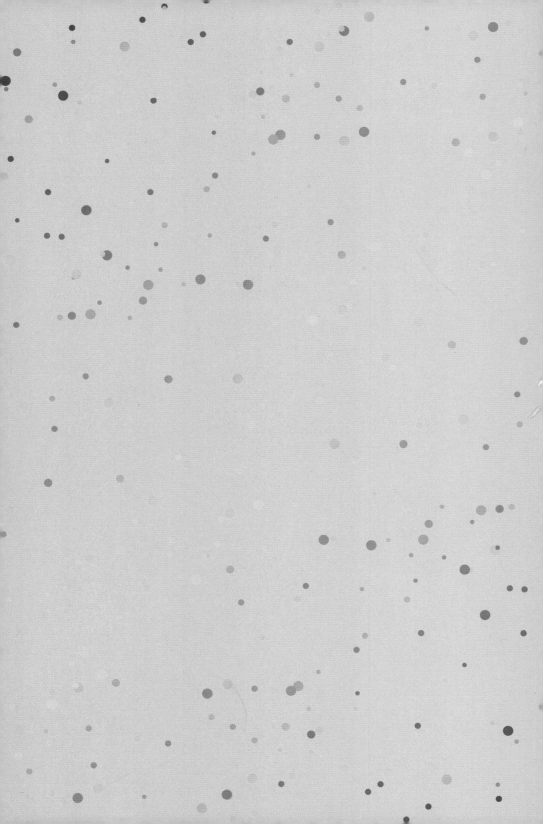